你的努力
终将成就
无可替代的自己

白 敏 / 著

华龄出版社

责任编辑：李梦娇
封面设计：颜　森
责任印制：李未圻

图书在版编目（CIP）数据

你的努力，终将成就无可替代的自己 / 白敏著. —北京：
华龄出版社，2017.1
　　ISBN 978-7-5169-0848-8

　　Ⅰ. ①你… 　Ⅱ. ①白… 　Ⅲ. ①成功心理—通俗读物
Ⅳ. ①B848.4-49

中国版本图书馆CIP数据核字（2016）第311075号

书　　名：你的努力，终将成就无可替代的自己
作　　者：白敏　著
出版发行：华龄出版社
印　　刷：北京佳顺印刷有限公司
版　　次：2017年4月第1版　　　2017年4月第1次印刷
开　　本：880×1230　1/32　　印　张：7
字　　数：150千字
定　　价：28.00元

地　　址：北京市朝阳区东大桥斜街4号　　邮编：100020
网　　址：http://www.hualingpress.com
电　　话：58124218（发行部）　　　　传真：58124204
（如出现印装质量问题，调换联系电话：010-82865588）

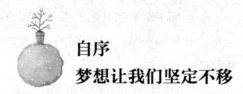

自序
梦想让我们坚定不移

　　我曾经端着泡面在街头扯着已经沙哑的嗓子叫卖，热气在寒冷的冬夜中显得更加袅娜，在这座城市的霓虹灯下显得美丽且易碎。我还记得那个时候，破碎的音节被刺骨的风吹得有些哽咽，我咬着牙把翻涌上来的悲伤吞下去，因为我还要打足精神赚我下个月的房租。

　　我曾经在大街小巷中四处奔走，那些花花绿绿的招聘信息堆满了我小小的出租屋。白天忙碌工作，我必须养活自己，我必须在这里扎上我的根；晚上我便在昏暗的灯光下，一个又一个地把有用的信息圈出来，这些都是机会，我要的不只是扎根而已，我还希望在这片城市的土地上开出花来。

　　我也曾经看着这座城市的灯火阑珊，脱下所有的伪装，沉默地落下泪来，廉价的出租屋里，粗糙的隔音让放声痛哭也变成了一种奢望。

　　而你，也一定曾经经历过这些。

　　那段时光，难熬得超乎我的想象。

　　每一次我都以为自己已经到极限了，我没办法再往前走。可是每一次，我都发现，自己又变得强大了一点，有足够的能力去挑战下一个极限。

于是那个草率的开始，那个模糊的目标，在一次次跌倒爬起后，在我日渐成熟的日子里，演变成一个坚定的，非到不可的目的地。

我开始明白我真正渴求的是什么。

那是说千万次都从来只有自己才懂的梦。

那是支撑着我昂首面对生活所有的洗礼依然保持笑容的筋骨。

那是注入生命中最丰满的灵魂。

它让我在这个浩瀚的世界中，终于有了不可替代的意义。

是它带我，坚定不移地走到了今天的这里。

人生中最艰难的旅途总能让人收获许多感悟，他们的眼里盛满了不轻易示人的情绪，也许那些在昏暗灯光下会闪光的是情难自已的泪。就像我现在这样，如今的我总是特别容易想起过去的事情，想起了许多已经消失在我的生命中许久的人和事。他们或嘻着笑，又或含着泪，将目光透过漫长的岁月直直打量在我身上，穿越了所有时光，听我分享这一路来的全部快乐与辛酸。

是梦想，让我们甘愿忍受漂泊无依的生活，甘于忍受一时的生活落魄，只愿将来的某个时候，能够品尝梦想实现所带来的欢愉，让我们在不断成长中求得内心的平和。

生命就是一场历程，所有的辛酸、苦难，都只会让生命更加绚烂。

所有的低潮、落魄，都是在铸就生命的基点。

目　录

做一个"向日葵"一样的人

把幸福握在自己手中

接受不完美，不要和自己过不去

所有的努力都会开花

你的认真，让整个世界如临大敌

你不放弃自己，世界就不会放弃你

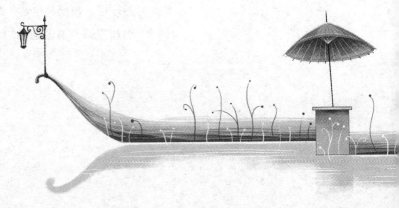

A

再艰难的人生，也不能磨灭志向

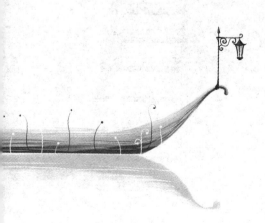

这世上并没有捷径可走

"这一世，夫妻缘尽至此。我还好，你也保重。"

王菲和李亚鹏离婚，微博里淡淡的一句告别，结束了八年的婚姻。随后，王菲潇洒牵手十几年前的情人谢霆锋，叫世人跌破眼镜，却也符合她历来任性自我的行事风范。

那段时间，朋友圈里鲜明地分成两个派别，一派点赞支持，一派批评谩骂。批评者说王菲年纪一大把，不停地结婚离婚，而且没有给孩子完整的家庭，不配做一个母亲。支持者则说，她既没脚踏两只船也没拆散别人家庭，忠于自己的心，勇敢追求爱情，有什么错？

记得有人说，一个人对待爱情的态度，对待诗的态度，对待音乐的态度，就是他对待人生的态度。

我深以为然。如果说爱情里从一而终是美德，那么王菲的确不该谈这么多场恋爱，可是，一见钟情然后白首偕老的故事，可以憧憬向往，却不可强求。好比人生，谁不是在犯过错之后才知道什么是对的？谁不是在受过伤之后才变得坚强，在失败、放弃许多次之后才找得到前行的方向？

错误，于爱情，于人生，都是必经之路。

然而，不是谁都能勇敢地去犯错，所以，对这个勇敢无畏追求自己所想所爱的女子，我只能支持，仰视。

她曾在《红豆》里轻轻地唱："有时候，有时候，宁愿选择留恋不放手，等到风景都看透，也许你会陪我看细水长流。"

你的努力，
终将成就无可替代的自己
ni de nu li,
zhong jiang cheng jiu wu ke ti dai de zi ji

004

　　她何尝不希望现世安稳，岁月静好，而当人生无法安稳静好时，便干净利落地道一声"保重"，不带一丝留恋地转身。她总是在恋爱，结婚，离婚，再恋爱，似乎对待感情过分洒脱。但你看她对霆锋，兜兜转转了十几年，经历了悲喜轮回，又重新牵起他的手。这难道不是一种长情？

　　没有错过，何来最终的深爱。

　　谁都期盼人生有一个细水长流的结局，只是，很多人都忘了，在细水长流之前，要把风景看透。

　　爱情如此，人生也是如此。假如有这样两个人，一个在北京，一个在丽江。一个年薪十万买不起房，朝九晚五，每天挤公交地铁，挤破脑袋想出人头地；一个无固定收入，住在湖边一个破旧的四合院，每天睡到自然醒，以摄影为生，没事喝茶晒太阳，看雪山浮云。一个说对方不求上进，一个说对方不懂生活。两种生活方式，你怎么选？

　　有人说年轻人还是应该去大城市闯荡；有人说自己身在大城市，却觉得闯荡来闯荡去无非平庸到老；有人则异想天开，说如果北京的收入水平和丽江的环境兼得就好了。

　　还有人则说得无比狠绝：等几十年后，看着这俩人一个儿孙绕膝，领着养老金在舒适的房子吹空调，一个三餐不继，衣不蔽体，浑身病痛地四处流浪时，你们就知道哪种生活方式更好了。

　　这自然是戏言，但假如你既想要出人头地的未来，又想要安逸闲适的现在，世间恐怕没有这么完美的生活。

　　不同的生活方式，并无优劣、对错之分，纯粹是不同的个人选择。关键在于，能否安于自己的选择。选了眼前的这一种，就不要艳羡那些生活在别处的人。

忙碌辛苦的日子并不如你想的那样糟糕，熬夜做出一个漂亮方案的时候，赢得广告提案竞标的时候，升职加薪的时候，能力被认可、在合适的位置上施展才华的时候，难道你不会充满成就感和满足感吗？

其实闲适的生活也并不如你想象中那样安逸，破旧的四合院里夏天蚊子肆虐，冬天四面漏风，收入不稳定，未来一片迷茫，在羡慕之前，不妨问问自己，你真的能够忍受这一切，真的能够在不知前路如何的情况下拥有喝茶晒太阳，看雪山浮云的逍遥心境？

如果你能够做到，倒也不失为一个幸福之人。

如果你还不能做到，那就请拿出十二分的诚意，认认真真为自己和梦想打拼。

家里的近邻远亲中，总有一些弟弟妹妹们在网上问我，怎么学习才能考高分，考上好大学？学什么专业比较好？大学要怎么度过，才能对将来有益？怎样找到高薪、有前途的工作？

我不知道问这些问题的弟弟妹妹们是心血来潮，还是真的希望我能够给出标准的答案，好让他们一步一步照做。我只知道，他们并不是想知道学习方法、工作方法，而只是想听一听前辈的经验教训，好让自己少走弯路。

其实他们大概是想知道，怎样才能不拼命学习也能考高分；如何在不必承受压力、不必太过努力的前提下拿到高薪；有没有一种生活是每天吃喝玩乐，然后还有时间给自己充电；

你的努力，
终将成就无可替代的自己
ni de nu li,
zhong jiang cheng jiu wu ke ti dai de zi ji

006

有没有可能我什么都不做，听一听前辈的话，就能够坐在电脑前找到自己未来的方向；是不是得到的答案越多，就越明白我自己适合做什么样的工作，适合走一条什么样的人生路。

我们为什么要在人生最该挥霍放肆的青春年华里，谨小慎微得像一个老人？为什么在一无所有的时候，就一副输不起的模样？为什么不明白这样简单的道理：出人头地的未来和安逸闲适的生活，好比鱼与熊掌，不可兼得。

我的身边没有比我大的哥哥姐姐，这或许是一件幸事。因为没有榜样，没有指引，所以走过许多弯路，领受过许多失败。不过，所有的体验，都是我亲身经历的；所有的路，都是新的，都由自己亲自走过，切身地知道好坏对错；所有的未来，都由自己开创——在这样莽撞无谋的路上，我才得以一点点看清自己。

这世上并没有一条捷径，让你踏上去，就有光明未来。

不经历错的人，就遇不到对的人。

不曾跋涉过艰苦旅程，就看不到梦想对你绽放的甜美笑容。

不将命运的百般滋味一一领受，就不会知道平淡是怎样的美妙滋味。

有时我们都像那个想要鱼和熊掌兼得的蠢笨之人，只看到万事万物的光鲜表象，妄想着一劳永逸。

但更多时候，要记得踩在坚实大地上，埋头于眼前的琐碎苟且，心平气和地等待云开雾散后的未来。

时光终究不会亏欠任何人

表姐从美国回来，我去接机。

她拖着行李箱走出通道时，我愣住了。质地精良的衬衫、黑色紧身长裤，长款风衣，简洁利落的欧美范儿，一脸神采飞扬的笑容，好似一块被打磨出耀眼光彩的玉石。

她在美国读完MSFE（金融工程硕士），拿到了好几家投资银行和基金管理公司的聘用书，打算在那边工作，这次是回来办手续的。

表姐轻描淡写地说着话，年少时的稚嫩已没有了痕迹。

高中三年，表姐是班上最不起眼的女生，长相普通，家境普通，不懂打扮，不擅长交际，学习很努力，成绩却只是平平。午休时，别人都在玩游戏聊八卦，她却埋头看书做题，连班主任都说她："你就是因为太死板，考试才考不好。"

她那时不明白怎样才能不死板，只知道什么事都怕"认真"二字，大好的青春，全都消耗在数学公式、英语单词里面。她当然也有过少女那些萌动的情愫，但因为太笨拙、太自卑，还没等她勇敢地开口向他告白，毕业的时节就匆匆而至，彼此各分东西。

不过，三年的努力和认真终究没有白费，她考上了排名靠前的重点大学。

大学前三年，几乎是高中生活的重复。寝室的其他女孩

你的努力，
终将成就无可替代的自己
ni de nu li,
zhong jiang cheng jiu wu ke ti dai de zi ji

008

子，忙着恋爱、兼职、煲剧、旅行，把日子过得多姿多彩，她却是教室、寝室、图书馆、食堂四点一线，单调到几近乏味。到了大四，其他女孩子开始忙着分手、找工作、考研、写毕业论文，她却拿着普林斯顿大学的全额奖学金，准备出国。

同学会上，大家谈论起当年不顾一切、傻里傻气的青春时，她插不上嘴。她的青春，谁都不在场，只有无数本书、无数道试题。

谁能想到，当初那个笨拙又不出彩的女孩，会成为华尔街的精英呢？

都说青春不疯狂、不放肆，就是虚度，就会后悔。但从表姐身上，我看到青春的另一种更饱满的姿态。

同学中，当年玩游戏聊八卦的人，如今牢骚满腹，家长里短，而那个青春里一片暗淡的姑娘，却在沉默中华丽转身，站在大家都无法企及的舞台上，接受所有人的艳羡、嫉妒，以及喝彩。

等你蜕变成更好的自己，再苍白的青春岁月，回忆起来都会让你嘴角上扬。

哪怕被这个世界亏待过，也请你相信，时光终究不会亏欠任何人。

朋友离开普吉岛时给我打电话，说她已经想清楚了，回来就辞职。

先前的那份工作，她无论如何都做不好。

起初是不小心得罪了上司，然后和同事闹僵，被客户投诉，交上去的案子永远被打回来重做。当初她求职时，大学四年里漂亮的履历和实习经验，助她过关斩将，她壮志满怀，准备在职场上大干一场。

谁知世事难料，接二连三的打击，让她几乎开始怀疑人生。

这一切，仿佛是上天专要和她过不去一样。

她想，这是怎么了，为什么自己连这样一份简单的工作都做不好？

她当然想过辞职，却也犹豫：自己连这么简单的工作都做不好，去了其他公司难道就能做好其他工作，能够顺利融入另一个环境吗？

纠结得不得了，压力大到整夜失眠。最终请了年假，随便参加了一个旅游团，去了普吉岛。

后来她告诉我，她在普吉岛遇到了一位店主。那人独自在岛上开了一家小店，卖奇奇怪怪的甜点和颜色艳丽的热带饮料。

也不知为什么，坐在他的店里，不自觉地就放松下来，向他倾诉了自己的困惑。英语说得磕磕绊绊，店主却听懂了。

他问了一句："你觉得，我有什么才华？"

她有点摸不着头脑，不确定地说："经商的才华？"

店主笑着说："错，其实我最大的才华是会聊天。"

她也笑了，以为店主只是开玩笑。他却接着说："其实，我以前弹过钢琴、当过老师、做过销售，但直到我开始经商，我才找到最能让我发挥才华的地方，如果我告诉你，我的公司已经在全球各地开了很多家分店，你一定会惊讶吧。"

她的确惊讶，正想说点儿什么，他却提了一个问题："那么，最能让你发挥才华的地方，在哪里？"

你的努力，
终将成就无可替代的自己
ni de nu li,
zhong jiang cheng jiu wu ke ti dai de zi ji

010

她忽然愣住了。从来没想过，一直以来，都只想着要做好眼前的事，搞定工作，升职加薪，成为职场精英，就像所有优秀的人那样。

"有时候，不是你的才华配不上这个世界，而是你身处错误的世界。"穿夏威夷短裤的店主语重心长地说。

从普吉岛回来，她辞掉原先的工作，在一家大公司找到一份很好的工作。大学四年的打工兼职经验仍然没有白费，在面试时，面试官对她表现出来的见识和能力相当欣赏，刚入职她就得到参与一些重要项目的机会。

她学习快，又拼命，很快升了职。现在她每天穿着干练的西装，像这个城市最典型的白领一样，穿梭于写字楼和咖啡厅之间，每周出差一次，在各个城市最好的酒店欣赏夜景。从前的煎熬挫败就像做梦一样，早已不复存在。

我问她那个普吉岛店主的故事是不是真的，她居然犹豫了。"我也不知道是不是，现在想起来也像做梦一样。"

但是店主送的船锚模型，至今还在她的手机上挂着。

被周围的一切否定，不知多少人有过这样的经历。

有时你以为你活得像一场笑话，毫无意义；你以为人生只是一座无论如何也找不到出路的迷宫；你以为整个世界都亏待了你，而你再也没办法找到任何属于自己的骄傲。

但其实你只是自己否定了自己存在的意义，又或者只是走进了错误的世界。

直到你迈出一步，两步，三步……才知道真正属于你的世界何其广阔。

哪里都可能有你的天地，哪怕被整个世界亏待，你也不可以亏待你自己。

你终会被现在的自己感动

那真是她一生最艰难的时期。

她一手打造的时尚品牌，因为门店扩展速度太快，资金周转遇到问题，又遭遇合伙人反目，最终只好早早卖掉收场。

她那时怀着三个月的身孕，心力交瘁之下流了产。

而她结婚五年的丈夫，在这时爱上了另一个女人，离她而去。

她的父亲，在这段时间检查出晚期癌症，她拿出全部积蓄，把他送进最好的医院，但父亲只熬过了第一次化疗，没多久就去世了。

母亲伤心过度，一味地哭，她没有兄弟，只能自己咬着牙，拖着刚流过产的身体为父亲的葬礼奔波，来不及悲伤，也来不及软弱。

等到葬礼结束，她才终于感觉到铺天盖地的痛苦和绝望。她不明白自己的人生怎么就走到了今天这一步。此前，她在国际上拿了设计奖，一手创立了一个风靡一时的品牌。她还有一位出色而温柔的丈夫，恋爱七年，结婚五年，幸福得以为一定可以白头偕老。而父母也还不老，她觉得自己还有足够的时间和能力孝顺他们。

你的努力,
终将成就无可替代的自己
ni de nu li,
zhong jiang cheng jiu wu ke ti dai de zi ji

012

谁知道,这耀眼而美满的一切,坍塌起来只需要一瞬。

想死的心情时刻缠住她,有时开车,她会想随便撞上哪辆车,来个干脆利落的结束;也很想大病一场,最好病得再也不会醒过来。但她还得照顾母亲。

幸好还得照顾母亲。

她把母亲接到身边,卖了老家的房子,开了一家小小的设计师事务所,重新开始。起初只有她一个员工,靠着以前的人脉,勤勤恳恳,从小活开始接,做出一个又一个出色的设计,慢慢打开市场。她不信命,她到底是拿过国际大奖的人,不擅长开拓品牌做大生意,至少干回本行没问题。

逐渐地,她招到了第一个员工、第二个员工……事务所规模大了些,开始有能力接到一些大单。

终于她有机会参加一个体育赛事的设计项目,这是个大项目,不仅收入颇丰,而且能够赚来好名声,她很想拿下。她带着几个设计师夜以继日地赶稿,最终靠实力拿下了那次竞标。拿过国际设计大奖,见过许多世面的她,在那一刻居然有点控制不住情绪。回到事务所,她买了香槟和大家一起庆贺,举起杯,她没说场面话,只说这个项目的款项收到后立刻就给大家发奖金,并且附加出国旅行的福利。

所有人都欢呼起来,说,你不一定是最棒的设计师,但绝对是最棒的老板。她一口酒喝进嘴里,眼中却落了泪。

眼泪掉下来,就再也止不住。她坐下来,起初双手掩面,后来索性像个孩子一样,号啕大哭。

自从事业失败,流产,离婚,父亲去世以来,她还没有认认真真哭过一场。并不是不心疼自己，并不是不痛苦，只是不知不觉就撑过来了。但那天，因为同事的一句话，她想起自己的悲惨遭遇，想起自己一直以来强撑的坚强，终于哭得不能自已。

前路依然未知，她的事务所仍然很小，随时可能被竞争对手挤垮；她的母亲年纪越来越大，身体越来越不好，能够与她相伴的时间越来越少；她还没有重新找到爱情，还没有得到再一次拥有家庭和孩子的机会……

失去的一切无可挽回，她再也不可能回到从前，甚至，她的未来也不一定能够比现在更好。但她知道自己不会停下来。哪怕前路荆棘满布，也会继续走。

乔乔在如愿以偿得到出道以来的第一个奖——最佳新人奖的那一天，在领奖台上哭了。

从小没有爸爸，和妈妈相依为命，单亲家庭，家境又不宽裕，乔乔很自卑，自卑得都不敢打扮自己，留着学生头，穿着学生服，就这样清汤寡水地度过了青葱岁月。

自卑的人容易招来欺负。那个时候，学校里有几个不良少女，总为难她。放学路上常常堵着她要零花钱，差遣她恶作剧，害她被人骂。乔乔每天上学都心惊胆战，走在路上，每一步迈出去，都想收回来。很想逃跑，想翘课，但她想到妈妈供她上学的辛苦，硬是逼自己天天去学校。

每天，就在努力学习和应对不良少女的纠缠中度过。来不及去思考自己的处境，只知道她要拼命念书，不能辜负妈妈的辛苦。

你的努力，
终将成就无可替代的自己
ni de nu li,
zhong jiang cheng jiu wu ke ti dai de zi ji

014

高中毕业，她考上了一所不错的大学，妈妈却在她入学之前一病不起。医生告诉她，这种病很难根治，需要长期吃药，恐怕以后你妈妈都不能再工作了。

她以为是因为她们付不起医药费，医生不给治，疯了一样给医生叩头，说我以后会挣钱还给你们的，求你们救救我妈妈。额头磕出血，把好几个医生护士惹哭了。

妈妈辞了职，在家养病。她床前床后伺候着，直到妈妈能够下床活动，因此晚了两个月入学。

她申请了助学贷款，而自己的生活费，妈妈的生活费、药费，全都靠她努力去挣。她几乎什么兼职都做过，家教，发传单，去超市做促销……因为身材不错，长得好看，她还兼职做过会场的礼仪小姐。她发现礼仪小姐这类兼职挣得比较多，就开始留意类似的工作。

一次，她偶然得到机会做兼职平面模特。那是一家时尚杂志社策划的一个关于女大学生的专题，需要一些大学生模特。她是其中之一。照片拍出来效果很不错，她由此引起了一些圈内人的关注。从那以后，这类工作越来越多，乔乔逐渐接触到时尚圈、影视圈，也终于意识到自己有当明星的条件。她当时唯一的想法是，当明星挣得多，等她有钱了，就能让妈妈得到更好的治疗。

娱乐圈的潜规则遇到过，试镜几十次，一次也没成功的经历也有过；不适合当明星这种话，不知道听人讲过多少次——但她想到妈妈，咬牙挺了过来。

倔强到近乎顽固地坚持努力着，她终于拍了第一支广告，演了第一部电视剧，尽管只是配角，也逐渐有了名气，有了粉丝。

如今，她拿到最佳新人奖，手中有了一份饰演女主角的片约，活动、节目、采访的安排也密集起来。她为妈妈请了专门的护理师，幸好妈妈的病情也没有再恶化。

以后会怎样，那都是以后的事了。

至少，当她哭着回望这么多年的辛苦时，可以感叹自己的努力真的没有白费。

或早或晚，人生最艰难的时刻总会到来。也许童年灰暗，也许青春疼痛，也许顺风顺水时突然跌入低谷，也许爱人毫无理由便离开，日子再怎么顺遂，也会有家中长辈先你而去，也会有不可避免的事业发展瓶颈……

所以，当《这个杀手不太冷》中那个被父母虐待的小女孩玛蒂尔德问杀手莱昂"人生总是这么痛苦的吗？还是只有童年痛苦"时，莱昂回答她："总是这么痛苦。"

很悲哀的结论，却很真实。

糟糕的时候过去了，更糟糕的时候也许还会到来。但人心的坚强，永远超乎你自己的想象。

有时，你可能脆弱得一句话就泪流满面，有时，也发现自己咬着牙走了很长的路，再回过头去看，自己都会被自己感动。

愿你终有一日会被现在的自己感动。

你的努力，
    终将成就无可替代的自己
ni de nu li,
zhong jiang cheng jiu wu ke ti dai de zi ji

016

永远不要以为你可以逃避

　　一位旅游狂人、探险爱好者，习惯在工作之余，独自去野外探险。没有被开发的大峡谷、草原、森林、沙漠，都是他喜欢的冒险之地。

　　或许是因为对自己能力的自负，又或许是为了保持探险的纯粹性，他从来不对任何人透露自己的行踪，包括父母、恋人、最好的朋友。他常常会在各种假期里突然消失一段时间，然后又突然回来，身边所有的人都已经习以为常。

　　那一次，他去了一直想去的峡谷，徒手攀爬至山顶，轻而易举地穿梭在复杂的地貌间，对自己的身体素质和头脑充满了自信和骄傲。

　　突然，悲剧发生了。

　　他不小心跌入山石之间一个狭窄的缝隙，一块落下来的大石头将他的一条手臂死死卡在了石头和山壁之间。

　　从被卡住，到最后自救成功，整整一百二十七个小时。他放弃无数次，挣扎无数次，懊悔无数次，无数次想到死亡，无数次思考人生，最终用小刀一点点切断了自己的手臂，忍痛爬到谷底，步行八公里走出峡谷，终于获救。

　　这是电影《127小时》的情节，也是一个冒险爱好者的真实经历。

　　电影中主人公审视人生的那一段格外精彩。

他想，自己怎么就走到了今天这一步？

自负，骄傲，追求独自冒险的刺激，正是这些他看得太过重要却无聊的东西，导致他遇到危险时，没有任何人能够救他。大自然如此庞大，人类如此渺小，一块石头就足以让他丧失所有希望，而他先前竟然一直以为自己是征服者。

那块石头，其实一直等在那里。从他出生的时候就等在那里，等着在今天，在这一刻，从天而降，粉碎他的狂傲和无知。

这不是一次偶然，不是意外，不是天灾。

这是他终将经受的磨难，只要他仍旧喜欢探险，只要他还是那个轻狂自负的男人，他就无法逃避。

正如昆德拉所说："永远不要认为我们可以逃避，我们的每一步都决定着最后的结局，我们的脚正在走向我们自己选定的终点。"

那段时间，她负责和客户洽谈一个项目。公司对这个项目寄予厚望，叮嘱她务必拿下。她的成单率一向很高。公司当然是出于信任才把这个项目给了她。

她的一贯做法是：研究客户的喜好，然后投其所好。

她约这位客户吃过一次饭，去过一次高档会所，但对方看起来对这种场合并不感兴趣。后来她得知对方有收藏爱好，而且专爱收藏各种稀奇的器皿。于是专程请这方面的朋友物色了一些，当作礼品送给客户。

客户果然很高兴，坐下来细细研究了半天，又和她聊一些相关的历史和收藏价值。见她一味附和，不怎么说话，客户皱起了眉："这些东西你专程送给我，自己却不懂其中门道吗？"

你的努力，
　　终将成就无可替代的自己
ni de nu li,
zhong jiang cheng jiu wu ke ti dai de zi ji

018

　　投其所好的结果是，客户对礼物满意，却对她生出诸多不满。一个大项目就此错失。她没想到这位客户仅仅因为她不懂门道，就终止合作。

　　她不甘心，又特意找到他，希望他重新考虑。

　　客户很诚恳地说，他考虑得很清楚了。

　　"说实话，我之所以终止合作，是因为你这个人。这个项目需要注入大量文化内涵和情感内涵，以及能够感染人内心的东西，而你的眼里满是功利——只有合作的成败，项目所带来的收益，以及给你自己的职业生涯带来的好处，我不认为你所在的公司能做好这个项目。"

　　因为大项目没能谈成，她被扣款、降职，好几年的奋斗白费了，仿佛一切都回到了原点。

　　她从来都不认为谈成一个商业项目需要的是文化内涵和情感内涵，她所知晓的只有最简单的方式——和客户搞好关系，投其所好，再借着酒局上千杯不醉的功夫，不顾一切地拿下项目。

　　她没有上过大学，高中毕业就开始做销售，从一个底层的销售员做到销售经理，凭借的是过人的天赋，有眼力，会说话，会喝酒。她一直以为这是真理，而她也的确是靠着这套理论一步步走到今天。

　　重新回到销售员的位置，她忽然觉得，或许这一场挫败早晚会来。即使现在没遇上，将来肯定也会遇上。因为自己的确不具备能够完成这种大项目的智慧。哪怕她现在靠运气当上了销售总监，总有一天也会出现同样的问题。

　　是祸躲不过。她曾经逃避了读书的命运，但社会终究以另一种教师的身份，给她当头棒喝；也终究变成另一本书的模样，让她阅读终生。她或许可以逃开上课的命运，却绝不可能逃开学习。

要学的东西实在太多了，她不能满足于仅仅当一个会喝酒、会讨好人的销售经理。她应该见识更多的人，更大的世界，去欣赏那些站在顶点才能看到的风景。

还记得电影《127小时》的结尾：那个失去了一条手臂的探险爱好者，最后成了探险家。

这真是最好的结局。

他没有因为一块石头的阻挡和这场悲剧而失去勇气，放弃人生最大的爱好和梦想。

一块石头，是障碍，同时也是力量。

从他战胜了它的那一刻起，他就已经超越了这个障碍，并且记住了它赐予的血淋淋的教训，以此为踏板，走向更广阔的世界。

所以，昆德拉说得没错：永远不要以为你可以逃避，每一步，都在走向你自己选定的终点。

而且每一步，都由你来决定好与坏。

权衡过头，总会留下遗憾

现在的年纪，也还算年轻，我却时常拒绝朋友的邀约，独自窝在家里敷面膜，品红酒，读一本昆德拉，看一部老电影，

你的努力，
终将成就无可替代的自己
ni de nu li,
zhong jiang cheng jiu wu ke ti dai de zi ji

020

想着自己是不是已经不那么年轻了。

记得大一的时候，寝室一个姐妹生日，和我们几个约好了去江边自助烧烤。下课后去超市买菜，买肉，买调料，提了好几大袋，兴冲冲地去了。一烤就是好几个小时，等回过神来，末班车已经开走了，又没有带够打车的钱，索性走回去。

几个十七八岁的女孩，疯疯癫癫，又笑又闹地走在夜色里。经过江边时，伸手不见五指，怕黑，也怕遇见坏人，攥一瓶驱蚊液，拿一把烧烤时用来切菜的水果刀，牵着前一人的衣角，惊心胆战地往前走。经过江上的大桥，被风吹得东倒西歪，冲着延伸向远方的江流大喊大叫。走到中途还被巡警搭话，让我们一路小心。足足走了三个小时，凌晨两点多我们才回到学校。遇见学校值班的保安，央求他放行，为我们的晚归保密。

少年时荒唐，又珍贵的回忆。

现在，谁还会陪你，你又会陪着谁，在深夜又笑又闹地走上三小时呢？

几年前的我，若是想念一个人，就会翻山越岭去见他。连夜坐十几个小时的火车，第二天一早神采奕奕地出现在他面前。

如今再让我做这种事，恐怕是不可能了。没有那样的心力了。现在的我若想念远方的某个人，只会放在心底，或者最多在他的朋友圈里点个赞。况且，我想我也不会再喜欢远方的谁，隔着遥远的距离患得患失了。

都是在青春的年纪里放肆，在成熟的年纪里学会权衡得失，因为都知道可以挥霍的东西越来越少。

但回忆起那些年的放肆，总是怀念得不能自已。只愿成熟的年纪来得慢一点，再慢一点，只愿自己权衡少一点，再少一点。

权衡过头，总会留下遗憾。

她那时比他高一届，他得管她叫学姐。

她很有学姐的派头，一味地宠爱着师弟师妹们，并不偏心谁。而他唯一的希望是她对他好一些，再好一些。

喜欢的情愫是一点点滋生的，等他发觉过来，视线已经离不开她了。

不敢表白，觉得自己配不上她。她是系里研究生中的尖子，早早被推荐去日本留学。他觉得她迟早要走，表白也没用。再加上还有不少同级的师兄在追她，更有传言说她已经和其中一人开始交往，他更加觉得灰心，没有胜算。

他想，只要她幸福就好。

研究生毕业，颁发学位照、毕业照之后聚餐，大家都喝了不少酒。她喝得尤其多，摇摇晃晃走不稳路，他正要伸手扶她，却见好几个师兄都抢着上前，便缩回了手。她却嚷起来，说她没喝醉，把几双手都甩开，一个趔趄靠到了他身上。

"哎呀，是你……就是你了，送我回去……"她嘴里含糊不清，说着说着却笑了。

大家都当她发酒疯，索性懒得理她。他颤巍巍地伸出手，搂着她的腰，负起责任来，送她回宿舍。

到了宿舍，她却一屁股坐在门口台阶上，不肯走了，一条手臂挂在他脖子上嘻嘻地笑。

你的努力，
　　终将成就无可替代的自己
ni de nu li,
zhong jiang cheng jiu wu ke ti dai de zi ji

022

"呐，我问你，你有喜欢的人吗？"

"……"

"有没有？"

"嗯。"他终于点了头。

"然后呢？没在一起吗？"

"没有。"

"不告诉她你喜欢她吗？"

"嗯。"

"为什么？"她歪着头问。

"告诉她也没用。"他低下头。

她忽然松了手。

他们在那里一直坐到凌晨，她和他东拉西扯聊了很久。后来他根本就不记得当时聊了些什么，只记得她的侧脸，在路灯下很美很美。

接下来，她去日本深造，他留在国内继续读研。

时差只有一个小时，所以经常在网上遇见，遇见了，他们就会聊几句。无非是问异国生活习不习惯，研究室有什么新课题，新来了哪个教授。

他本来以为，她离开，是没有办法的事，自己也只能接受。他本来以为，她离开之后，这份感情会慢慢变淡，直至完全消失。可他发现，他接受不了她离开，忍受不了生活里没有她，也无法抑制心里越来越强烈的想念。

导师问他要不要争取去日本读博的名额，他想都没想就答应了。

在确定下来之前，他没有告诉她这件事。

申请批下来，成绩过关，材料过关，面试过关，已是半年多以后。他兴奋地告诉她这个消息。她隔了很久，才发过来一个笑脸，说了一句"恭喜"。

他觉得自己的兴奋被浇了冷水。但是没关系，他很快就要见到她了。

"等我过去，你要像个学姐一样，请我吃拉面，游富士山。"

她又发过来一个笑脸，说了一句"没问题"。

他翻来覆去地给自己打气——我喜欢她，她就是我一生要找的伴侣，到了日本，一定要向她告白，要告诉她我有多爱她，多想念她。

他抵达日本的那天，她果真去机场接他，带他去吃拉面，看富士山。

一年不见，她的性情不如之前豪爽，容貌却更成熟也更美了。他坐在新干线上看着远处白雪皑皑的富士山，又看看她的侧脸，觉得很幸福，很满足。

在富士山下的树海边，他终于支支吾吾地开口："学姐，我……我……"

她打断他："我并不知道你会来日本。"

"嗯，因为我之前没有告诉你。"

她叹了一口气："要是早点告诉我就好了。"

为什么呢？他觉得她的表情很悲伤。

她看着他，一脸下了决心的表情："这是我最后一次和你单独见面了。"

你的努力，
    终将成就无可替代的自己
ni de nu li,
zhong jiang cheng jiu wu ke ti dai de zi ji

024

他有点蒙："为什么？"

她再次叹了一口气："因为我有男朋友了，再单独和男生出去，他会吃醋。"

他吃惊许久，然后沮丧地垂下头。

没有说出口的表白，再也说不出口了。

临分别时，她站在原地许久，终于下定决心似的抬起头看着他说："你还记得吗？毕业那天，我问你为什么不向喜欢的人告白，你说告白也没用，但我还抱着最后一丝希望，一直赖着你聊天，不让你走，等你说出那句话，可惜你一直没有说。现在回想起来，这句话其实也可以由我来说，可是我也没有勇气。"

他愣在那里，很久很久，悔恨像一条条虫子细细啃噬心脏，他回想起她说的话，"我并不知道你会来日本"，"要是早点告诉我就好了"，原来是这样，如果她早点知道的话，是不是就不会交男朋友了？

他以为她会在原地等他。但这个世界上，没有哪个人有义务在原地等你，即使是爱你的人。

"我一直好后悔。"她低下头，声音哽咽。

所以她下定决心，下一次，如果再爱上谁，一定会第一时间告诉他。不考虑结果，不顾及过去现在将来，不害怕被拒绝，勇敢地说出那三个字。

目送她离开后，他终于说："嗯，我也是。"

去做一切放肆的事，去爱自己想爱的人，趁自己还活着，还能走很长很长的路，还能诉说很深很深的思念。

B

心有多大，世界就有多大

期待一趟精彩的人生旅程

　　工作中认识一个女孩，大学还没毕业，来公司做实习生。人乖巧又勤快，交代她做的事都做得很好，和同事也相处融洽。连平时十足挑剔的经理都夸她好，说她不像之前的实习生，事做不好，还总闹小孩脾气。

　　一次聚餐，路上和她聊天，聊到"五月天"近期来北京巡演的事，她立刻眼睛放光，说她是"五月天"的超级粉丝，演唱会开到哪儿追到哪儿，一场不落。接着开始历数"五月天"的出道史，掰着指头告诉我哪些歌堪称经典，又说主唱阿信身上的哪些优点影响了她，他写的哪些歌词给了她正能量，说得手舞足蹈，停不下来。

　　看着她快要冒出"星星眼"的兴奋表情，我忍不住微笑，这孩子，是真心喜欢"五月天"啊。我自己不追星，却理解这种谈论喜欢的人时血流加速、内心激荡、不吐不快的感觉。

　　到了演唱会那天，她却早早订好了晚饭便当，坐在办公桌前，干劲满满准备加班。

　　我感到很奇怪，问她怎么不去看演唱会。她一笑，早就不追啦。

　　我更觉得奇怪了，她明明那么喜欢他们！

　　她说，喜欢也有很多种方式。

　　后来我才知道，原来她追星最疯狂的时候是中学时期。加

你的努力，
　终将成就无可替代的自己
ni de nu li,
zhong jiang cheng jiu wu ke ti dai de zi ji

028

入粉丝俱乐部，追"五月天"出场的所有电视节目，买登载他们访谈和照片的所有杂志、报纸、海报，翘课去他们所有大大小小的巡演。她家境尚可，有时撒娇，有时撒泼，父母总能满足她的要求。学业当然一塌糊涂，加上经常缺课，出勤率都不够。好不容易混到高中，终于落到要留级的地步。

父母不准她再追星，她当然不听。不给她钱，她就偷家里的钱，或者四处向朋友借；不让她出门，她也总有办法偷溜出去；打她骂她，她索性离家出走，折腾得天翻地覆。

老师、亲戚、朋友轮番规劝，她谁的话也不听，叛逆得不得了。

后来，她爸爸气得心脏病发作，进了医院，差点救不回来。她跪在病床前痛哭，从此把对"五月天"的喜欢收进心底。

没错，喜欢也有很多种方式。疯狂地追逐，一场不落地听演唱会是一种方式，让自己活成喜欢的偶像的样子，是另一种方式，而且是更好的方式。

如今，她考上了不错的大学，成为一个人见人夸的实习生，以后她当然也会成为一个努力工作的社会新人，努力寻找自己该走的路，就像"五月天"说的那样：不放弃梦想，好好期待一趟精彩的人生旅程。

青春期的叛逆和疯狂早已不见痕迹。

但她说，"五月天"有一首歌叫《疯狂世界》，她很喜欢。阿信在歌中唱："青春是挽不回的水转眼消失在指间，用力地浪费再用力地后悔。"

虚掷青春，然后狠狠后悔。

谁说这不是对待青春最好的方式？

正因为有过那些叛逆和疯狂，她才知道未来该走什么样的路；正因为狠狠后悔过，所以她再也不会做出让自己后悔的事。

后悔，终究好过遗憾。

曾经的室友是个能力不错也很勤奋努力的妹子，大学年年拿奖学金，还是学生会干部，毕业之前去了一家大公司实习，当时的实习生都没有薪水，只有她因为表现优秀，每个月都拿奖金。临近毕业，眼看就要被内定为正式员工，她却选择辞职回家。

我们都感到不解。她说，爸妈担心她一个女孩子独自在陌生城市闯荡不安全，也心疼她吃苦，在老家靠关系为她在事业单位找了个职位，工作清闲，待遇也不错，她自己也觉得陪在爸妈身边，做一份稳定的工作，以后顺顺利利结婚生子，这样比较好，人生也比较有安全感。

对于她的选择，我们都不好说什么，只是隐隐觉得可惜，以她的能力，明明更适合做有挑战性的工作。

三年不到，她辞掉工作，退掉亲事，和父母大吵一架，回到我们身边。

怎么了？你要的安全感呢？我们都问她。

她叹一口气，那样的生活不适合我。

事业单位的工作清闲是清闲，却清闲到无趣的地步，每天

你的努力，
终将成就无可替代的自己
ni de nu li,
zhong jiang cheng jiu wu ke ti dai de zi ji

030

按时上班下班，做相同的事，完全没有新鲜感。人际关系更是如蛛网般复杂，人情世故要洞察，溜须拍马要内敛含蓄、不着痕迹，她一个年轻女孩，哪里应付得来？

再说相亲，家世、样貌、性格、职业、收入，一样样地比照、计算，爱情变得微不足道，对方是谁，是否独一无二，更是微不足道，简直不知道为了什么要结婚。

再说生活，三线城市，日子过得悠闲，和几个闺密去寻觅美食、喝下午茶、逛街、美容，这些都还好，唯独不能聊天，一聊就是恋爱、结婚、家庭、孩子，要不就是首饰、衣服、男人、家长里短，她连话都插不上。

父母都劝她，何必出去折腾一趟？你是女孩子，再过三年五年，不还是照样得结婚，得过安稳日子？到时你年纪大了，选择少了，肯定后悔白白浪费青春。

她说，后悔也认了。

她没有过梦想，没有为梦想哭过笑过跌倒过，没有为完成一个方案熬过夜，没有和知己好友彻夜长谈过，没有谈过一场轰轰烈烈的恋爱……她一细数，发现遗憾居然这么多，根本来不及去想会不会后悔。

人生，若不曾冲破条条框框，若不曾闭上双眼去闯一回，终究会有遗憾吧。

她说，她想当父母的叛逆小孩，想叛逆过去的自己。她不想日后回想起自己的人生，什么拿得出手的回忆也没有。

如今，她找到一份工作，从头做起，常常加班，很辛苦，每天却是神采飞扬，只因为可以凭借自己的能力升职加薪。周末的时候，她和我们这些朋友去看话剧看展览，去南锣鼓巷、三里屯泡吧，谈理想谈未来，聊感情聊人生，说起话来妙语连珠，大笑起来没心没肺。她还参加义工组织，跟着一群年轻人到处跑。上个月，在东南亚某个海岛居然遇到心仪的男孩，正打算开始一段跨国恋。

我亲爱的朋友，全新的生活在你面前展开，像一个精彩的万花筒。但生活并非童话，明天也不总是美好。未来有一天，拥有的一切也可能会尽数失去，生活可能重新陷入低谷，你可能会回到起点，怀疑当初走一条更艰难的路是否有意义，懊恼这些日子的努力完全白费，而你白白浪费了青春最好的时光。

假如真有那一天，请记得要尽情地后悔，最好痛彻心扉大哭一场。然后你会发现，你已不是当初那个畏畏缩缩患得患失的自己。你闯过、勇敢过、叛逆过，生活的起伏和折磨逼你付出代价，却也给你收获，它早早催你蜕变、强大，所以你会重新勇敢起来，继续走你想走的路。

纵使你一败涂地，至少不留遗憾。

昆德拉说得好："没有一点儿疯狂，生活就不值得过。听凭内心的呼声的引导吧，为什么要把我们的每一个行动像一块饼似的在理智的煎锅上翻来覆去地煎呢？"

不如就在叛逆和疯狂的道路上一路狂奔。

狠狠摔倒，狠狠哭泣，狠狠后悔，然后找到该走的路。

总好过什么都不失去，也什么都得不到。

你的努力，
终将成就无可替代的自己
ni de nu li,
zhong jiang cheng jiu wu ke ti dai de zi ji

032

走下去，才会看见光亮

纯爱少女漫画《好想告诉你》中的女主角黑沼爽子，刚出场时是一个在班级里被孤立的气质酷似《午夜凶铃》中的贞子的人见人怕的女孩。但乍看起来气质阴郁的她，其实是个相当乐观开朗的孩子，即使被所有人忽视、嫌弃，也永远告诉自己，下次再努力。

她的座右铭是"日行一善"，梦想是变成一个爽朗的人，交到很多朋友，就像她憧憬的男孩那样。

她每天做的善行都相当可爱。

黑板每天是她在擦；花坛里的花，每天都是她放学后去照看；放暑假了，老师需要学生帮忙，没有人自告奋勇，只有她怯怯地举起了手，此后每天顶着酷暑去学校；用心把笔记记得很详细，主动借给大家看；因为大家都叫她贞子，为了满足期待，她去图书馆借怪谈类型的书，背下里面的恐怖故事，有机会就给人讲；夏季试胆大会，为了让所有人玩得尽兴，她一个人披散着头发穿着白色连衣裙躲在漆黑的树林里，等着同学经过时出来吓人……

沉默、温暖、可爱，日行一善，被所有人看在眼里，终于一点点融化了误解，消泯了界限，让她实现了交很多朋友的梦想。

变得爽朗，交到朋友，对大多数人来说，这几乎不能称之为梦想。

但梦想又何必分大小。

只要真挚，即使只是一个交朋友的梦想，也能让一个十五岁的少女在青春的眼泪和笑容里蜕变为更好的自己。

只要真挚，日行一善的梦想和做一件伟大善事的梦想本质上没有什么区别。

住过大学附近一个小区，小区里都是老楼，老人多。每天出门去上班，总能遇到遛狗散步的老头老太太。一次，经常出入的西门翻修，我只好绕路去北门，路过一栋楼，发现院子里有好几只猫，我是个爱猫成痴的人，当然要停下来逗一逗它们，拍几张照留念。

这时一个老太太端着好几个猫饭盆出来，呼啦一下，不知从哪里钻出来一大群猫，围过来喵喵直叫，我数了数，居然有二十多只。

和老太太聊过才知道，那都是她从不同地方捡来的野猫。有的小猫刚生下来，缺少食物养不活，被她收留，有的是从领养机构抱回来的，还有的是被主人抛弃的宠物猫，奄奄一息躺在路边，被她捡了回来……

她一只只和我历数那些猫的来历，听得我鼻子发酸。

老太太没有儿女，养了一辈子猫，救活的野猫，收留的弃猫，数都数不过来，那些猫就是她的儿女。

曾经在旅途中遇到一个女孩，她告诉我，她是一个超级动物迷、素食者、坚定的动物保护主义者，同时还是一位刚刚起步的创业者，梦想是有一天在世界各地建立动物保护基金，运

你的努力，
终将成就无可替代的自己
ni de nu li,
zhong jiang cheng jiu wu ke ti dai de zi ji

034

营全球性的动物保护组织，用自己的力量去影响全世界对动物的态度，保护动物们的生存环境。

我问她现在有没有参加动物保护组织，有没有做过类似的志愿者服务，有没有养什么动物，她说这些都做过，但她现在的重心并不是做这些事。为了实现梦想，她现在必须积累商业经验，积累人脉，学习运营，成就一番事业。

"城市救助站在救每一只他们看到的动物，领养组织在保护每一只他们能够保护的动物，爱护动物的人在抗议，在行动，每个人都在做着力所能及的事，而我力所能及的事，是利用我的能力和野心，做更大的事。"

现在，她创办的公司刚刚起步，她为自己留出了十五年的时间，制订了十五年的计划，意气风发，干劲满满。

无论是收养一只野猫，还是致力于在十五年之后构建更好的动物生存环境，都让我深深动容。

梦想真的不在大小，只要你有，只要你愿意为它去行动，无论何时都尽力去滋养它，总有一天，它会反哺你的人生。

去深圳出差，在客户的公司遇见一位二十多岁的年轻助理，她说她的梦想是在三十岁那年退休。我被这个奇葩的梦想惊艳到，连忙问她打算怎么实现。

她告诉我，从大学开始到现在，她做过的工作不下五十份，当然大部分都是兼职。目前，她的收入主要来源于升职空间很大的全职工作、写书的版税、兼职广告策划、股票、基金，以及她从大学经营至今的网店。说要"退休"，其实只是辞去全职工作，其余的收入并不会受到影响。

"如果不是这几年不断尝试，我大概永远都不会知道原来我擅长做的事这么多，原来有这么多途径可以赚钱。"

"不辛苦吗？"我问她。

"当然辛苦。大学那会儿，一天三份兼职，算是常态，还要抽出时间念书，研究股票、基金。网店早就雇了其他人在管理，我一个人肯定忙不过来。不过，每天的时间都排得特别满，所以也觉得特别充实。"

如果是这样的话，退不退休都没有区别吧？我问她"退休"之后想做什么。

她笑了："第一件事当然是环游世界。退休之前我是努力赚钱，退休之后，我想尝试去做更多不那么赚钱的事，去更多的地方，接触更多的人，然后在这期间，只要顺便赚钱就好了。"

你会觉得这个三十岁就想"退休"的女孩懒惰没有志向吗？我想不会。因为，她三十岁之前的人生履历已经足够精彩。

她将自己的才能、时间、体力、精力、头脑、智慧完全利用起来，去实现那个多少有些奇葩的梦想，然后她真的可以过上梦想中的生活：赚够了钱，就去环游世界；旅行够了，就去做其他事情。

世界那么大，可以做的事情那么多，我相信她三十岁之后的人生会更加精彩。

等到老去的那一天，她坐在摇椅上回忆一生。所有的片段

你的努力，
终将成就无可替代的自己
ni de nu li,
zhong jiang cheng jiu wu ke ti dai de zi ji

036

就像烟火划过夜空，华丽璀璨，哪怕最终的结局是消逝，也已尽情绽放过，没有任何遗憾。

小时候我们诉说梦想，总觉得遥不可及，眼睛里却熠熠生辉。那时，我们都期待自己能成长为更出色的人。

长大后再谈梦想，才知道有太多的人，已在追梦的半路失去踪迹。

宫崎骏的电影《千与千寻》里有句话：很多事情不能自己掌控，即使再孤单再寂寞，仍要继续走下去，不许停，也不能回头。

用它来谈论人生和梦想，刚刚好。

不许停，不许回头，要一直走下去。

走下去，才会看见光亮。

若你还有梦，此生就已值得庆幸。

和你喜欢的一切在一起

那天，无意间翻到卡梅隆的人生履历。

此前，我对这位好莱坞大导演的印象仅仅停留于他拍出了当时世界票房最高的电影《泰坦尼克号》，后来又拍出《阿凡达》，刷新自己创下的票房纪录。总而言之，他是一位很成功的商业导演。

翻完他的履历才知道，原来他还是单人抵达深海极限（马里亚纳海沟水下近11000米）的第一人。

这位疯狂的探险爱好者，曾经花了二十年时间研究泰坦尼克号，是世界上首次使用机器人进入海底沉船遗骸内部进行拍摄的人。他拍摄的探险纪录片，都取材于自己的真实探险经历。

而作为电影人，他革新了水下特技，为3D技术带来历史性突破，数次打破世界电影成本纪录，又数次打破世界电影票房纪录。

这是一场时刻都在"折腾"的人生。

"如果你总是担心，而不迈出那一步，那么你什么都不会得到。"

从他嘴里说出来的这句话，完全是他人生的写照。他永远都在"迈出那一步"，不仅是事业，感情和婚姻也是如此，他永远活得像一个孩子气的老顽童。

有人说，他的生命永远是抵押出去的，抵押给梦想，抵押给冒险，抵押给世界上最美好的事物，抵押给好奇心和对世界孜孜不倦的探索，最后，抵押给他所爱的妻子和儿女。

很喜欢"抵押"这个词。

热血动漫《海贼王》里的主角路飞出海冒险时，别人问他："你不怕死吗？死了就什么都没了啊。"路飞说："我有我的野心，有我想做的事，无论怎么样我都会去做，哪怕为此死去也不要紧。"

他说："没有赌命的决心就无法开创未来。"

我们活在这世上，何尝不是一场冒险，何尝不是在赌命？

你的努力，
　　　终将成就无可替代的自己
ni de nu li,
zhong jiang cheng jiu wu ke ti dai de zi ji　　　　　038

把自己的性命"抵押"出去，才能换来上天许诺的点滴收获。

把生死抵押出去，才能换一场人生；

把时间和努力抵押出去，才可实现一个梦想；

把爱抵押出去，换来另一份爱；

把苦难抵押出去，换未来的美好；

把恐惧抵押出去，换来波澜壮阔的冒险；

……

何不倒掉温情脉脉的鸡汤，把人生形容成一场残酷的冒险？告诉自己，假如只是坐在那里，什么都不想失去，什么也不"抵押"，就会止步不前，让所有的梦想胎死腹中。

在咖啡馆闲坐时，隔壁桌一对情侣，互相拿着小叉子给对方喂提拉米苏，你一口我一口，甜甜蜜蜜。

女孩忽然问："你的理想是什么呀？"

男孩答："养你呀。"

听了这个不知从哪儿学来的标准答案，女孩假装生气："我才不要你养。"

"可是我想养你。"

这当然只是情侣间的情话戏言，却让一旁的我想起在英国留学的堂姐。

在去英国之前，堂姐也有一个爱得如胶似漆的男友。

如今她一个人在英国，单身。每天上课，打工，和朋友一起泡吧，来年就要毕业，打算在那边找工作。

有时在线上聊天，她只谈课业、未来的计划、英国的天气，绝口不提爱情。

得知她决定去英国留学时，男友很崩溃，哭着求她不要离开。一开始，面对他的挽留，堂姐很感动，内心也很动摇，直到男友说出那句话："你不用那么辛苦去国外念书，以后我养你就行了。"

男友家境相当好，说要养她，自然不是说说而已。

但堂姐愣了半晌，才说："你知道我的梦想是……"

男友打断她："有我的爱还不够吗？我说了我养你。我一定会爱你一辈子的。"

堂姐沉默许久："我曾经和你说过我的梦想，可是你不记得了，对吗？"

男友真的不记得了。或许在他眼里，女人的梦想并不重要。

堂姐的梦想是成为一名国际记者，为此才选择去传媒业发达的英国学习，男友却说他养她。他们的交谈根本就不在一个频道上。

原本火热的爱一下子冷却下来，她很干脆地和男友分了手。

或许再也不会遇到像他那样细心、温柔、痴情的男人，或许从此会变成只拼事业的"缺爱"女人，可是，她并不需要一个不懂她的人在身边嘘寒问暖，那样爱巢也会变成她人生的牢笼。

很多天后，我看到堂姐在她的推特上写下这样一句话：

"或许别人觉得爱情美好，但我觉得梦想更美好；或许别人需要房子，需要婚姻、金钱、稳定的生活带给她安全感，但我觉得梦想给予的安全感更大。"

所以，她的选择是：放弃自以为美好的爱情，和真实的梦想在一起。

你的努力，
终将成就无可替代的自己
ni de nu li,
zhong jiang cheng jiu wu ke ti dai de zi ji

040

前两天，我参加了一个聚餐。席间有人感叹"北漂"之苦，为了梦想来到这座城市，远离家人，忍耐寂寞，辛苦拼搏，如今梦想成了碎片，不知何时才能成真，而家乡的他早已结婚生子，幸福生活……

此言一出，附和者众多。在座数人，除了一两个北京"土著"，其余皆是"北漂"，尽管多数是事业小成的"北漂"，但说起漂泊之苦，都是各有各的心酸，一时间唏嘘慨叹声此起彼伏。

这时，有人冷笑一声："又想陪父母，又想好好结婚生子过安逸日子，又想实现梦想，事业名利双收，你们以为自己在演《哆啦A梦》剧场版吗？"

一句话，犀利得让所有人无言以对。

接下来的聚餐，再也无人提起这个话题。

后来，我和这位语出惊人的哥们儿有过一些工作上的来往。

一日，谈毕工作，聊起当日的事。

他不好意思地说："当时我说话冲了点，但我的确不喜欢听人诉苦。人不可能什么都得到，这是一个很简单的道理。难道你不觉得，感叹漂泊很苦，这本身就透露出一种不自信吗？漂有什么不好？比如我，我的梦想是建立一家优秀的上市公司，那我就得把自己抛离安全的轨道，就得漂着，漂着我才能强大啊。你要真让我过舒适安稳的日子，我还担心我的拼劲会被消磨光呢。"

"选择了就要认，否则不要选。"最后，他总结道。

的确如此。

我们都不是大雄，都没有哆啦A梦，所以不能任性。把自己抵押给梦想和冒险，就不能再同时抵押给安逸　现实。

但勇敢、自由、梦想、努力、志同道合的伙伴，难道不是人生最美好的事物？我们都是为了和这些更　美好的事物在一起，才做出了最好的选择，像韩寒说的那样：　"和你喜欢的一切在一起。"

这是一个简单的道理：当你已经和人生里许多美好的事物在一起，那么对于已经押出去的筹码，就不必再扼腕叹息。

一步一步慢慢变成玫瑰

上周六下午，我和梧桐去尤伦斯当代艺术中心参加"你好，尼泊尔！"旅行分享会，分享者是我们共同欣赏的旅行家——树小姐。

现场，幻灯片上各种各样的尼泊尔照片一闪而过，树小姐不可思议的尼泊尔经历幻化成美妙的音符飘散大厅，甚至隐隐约约还能闻到空气中尼泊尔香料专属的气味。

我看到一小束光照在梧桐小姐恬静的脸上，想起去年这个时候和她在博卡拉面对鱼尾峰喝马萨拉茶时，惊讶地发现一直嚷嚷着要去尼泊尔一边看珠峰一边喝茶的两个人此刻正做着这些事，不禁感叹，猝不及防地，彼此都成为了梦想中的那种人，想做的事情都做过，想去的地方都到达过。

你的努力，
　　终将成就无可替　代的自己
ni de nu li,
zhong jiang cheng jiu wu ke　ti dai de zi ji

042

　　高考前，　同学间流行相互写毕业纪念册，班主任发现大家上课都在兴致　勃勃地写这个后就严令禁止。大家开始偷偷在下晚自习后写；　在宿舍举着手电筒写，奋笔疾书好像在书写自己光明而美好的　未来。纪念册中有一栏是"希望自己以后会是什么样"，我记　得当时给所有同学写的都是希望大学期间能出去交换，毕业后　在外企上班，成为满世界出差的职业女性，成为一个有质感　的人。但那时，我甚至不清楚有质感真正意味着什么。

　　大三，北京的冬天飘着白雪，我在半夜抵达温暖的台北。到达学校整理完行李后凌晨四点才睡，八点又起床去注册报到，恍惚的神经在看到陌生而熟悉的繁体字，听到软软的台湾腔时彻底清醒。

　　当晚，我迫不及待地跟梧桐分享在台湾第一天的新鲜经历：面对巨大的行李箱手足无措时，陌生的台湾人急忙跑过来主动帮我；接机的老师给我们带来了香甜爽口的热带水果，而我之前从没听说过；去学校途中经过淡水，一片灯海，泛着浅浅柔光，惊艳了我的心；喜欢听台湾人说话，不管他年纪多大，只要他开口说，总感觉他仍然是十八岁的青春少年，软软而上扬的声调，就像台湾的风，软绵绵的，不腻人……

　　絮絮叨叨了半小时，挂电话时梧桐突然说，我知道你会这样，我从来没怀疑过你不会出去交换。那一刻，我意识到自己在走向梦想中的自己。

　　大四的时候，我开始在专业课上老师不断提到的公司实习，每天早上都要穿越整个北京城，在西边与东边间来回奔波，整整一年。有时加班到深夜害怕遇见坏人，就从地铁口一路跑回学校，提醒自己第二天带防狼喷雾；看不懂英文资料时，就利用坐地铁和吃饭的时间狂背英语，还因此经常坐过站；担心下班后学校澡堂已关，会叫室友帮忙多提几壶热水直接在浴室冲凉。

我没能成为满世界出差的职业女性，但我成了会自己去旅行的职业女性。我常常对着地图发呆，看着地图才会觉得世界都展现在眼前，而我也融入世界中。那一个个千奇百怪的地名竟然有那么多让我疯狂迷恋的历史、美景和人，而我不敢相信自己那么幸运，居然曾跨越万水千山，踏上过那一些土地，这种感觉美妙得不得了。

我记得在小琉球环岛旅行时遭遇台风，民宿老板连夜帮忙订船票回高雄，因没提前告诉我们台风警报而分文不收；在高雄住民宿，老板没露面也不催房费，打电话给她，却让我们把钱直接放在门口信箱里，一点都不担心我们会"携款而逃"；在越南夜间巴士上醒来发现旁边的越南人不怀好意地盯着自己，吓得连忙叫醒周围的背包客才安心，但第二天看到一半沙漠一半海水的美奈时，一切又都忘记了；还有坐了一天一夜的大巴被柬埔寨边境工作人员敲诈后又凌晨四点起床，只为了等候世界上最美的景色——吴哥窟日出。一叠A4纸都写不完的故事，是世界给我的礼物，也是我自己给自己的礼物。

你的努力，
终将成就无可替代的自己
ni de nu li,
zhong jiang cheng jiu wu ke ti dai de zi ji

044

我依然不知道有质感的人是什么样子的，这又有什么关系呢？

在自己的小王国里，我看着自己一步一步慢慢变成了玫瑰。暗自散香。骄傲而自足。

人生其实饱满又富有情致

从《致青春》到《匆匆那年》，从《何以笙箫默》到《左耳》，80后、90后的青春形象被不断地搬上银幕，不少人怀抱着记忆，想在影片里寻找有自己影子的那些私密而又独特的体验。

恋爱大过天，失恋甚于死，这就是小众青春电影的魅力。

因为太年轻，梦想得不到满足，声音不被人听见，青春总会隐秘地被分成两派：有人早早就学会了抽烟、喝酒、打架，在夜店驻场唱歌，为外校男生/女生争风吃醋打破头，把性、堕胎、代孕当作稀松平常的事，有人在山旮旯的学校里，穿难看的黑色或蓝色的校服，朴实得只知道念书。

一恍然一瞬间，我们不再一起等待下午五点看那些动画片，《舒克与贝塔》《葫芦兄弟》《大头儿子小头爸爸》《机器猫》《樱桃小丸子》，不再一起兴致勃勃地玩陀螺、纸牌、飞行棋。光阴是这么不动声色地，把那些遥远黄昏里的记忆，扫进一地琉璃的角落。

世界瞬息万变，我们在这样的节奏里生活和呼吸，三年、五年，甚至更长，理想会褪色，激情会麻木，还有什么是不变的？青春里的疼痛和寂寞，都是由此而来，而我们却不自知。

越长大越不安，看着梦想的翅膀被折断，也不得不收回曾经的话问自己：你纯真的眼睛哪去了？也突然间明白，未来的路并不平坦。

这和爱情里的惯例是一样的，刚开始的时候，给你一点，你就觉得情深似海，后来即使把心都掏给你，你也嫌不够。人是贪心的，特别是在得到以后，并且不觉得自己拥有的已经是多么庞大。

小时候，有颗糖就可以含在嘴里甜蜜半天，堆个泥城堡也专心致志地像在搭高楼大厦，爬树下水样样在行也不怕脏了衣角，即使被骂也还计划着明天要约小伙伴再去。而现在，世界跟儿时想象的一样精彩繁复，有太多似乎触手可及的乐趣和诱惑。

即使是电视剧里十恶不赦的大坏蛋也有着最纯真的年龄，只是后来我们都变了，往不同的方向走，刚开始可能会结伴而行，也曾天真地发誓要一直这样一起走下去。不过，最单纯的友谊反而是没有什么信誉可言的，人生中的十字路口在不断增加，甚至不需要妥协不需要争吵就自动地兵分两路，于是慢慢地，就只剩下自己一个人。

一个人的行走是不可耻的，可耻的是孤单。

《门徒》里有一段经典的对白："我一直不明白，人为什么要吸毒？直到昆哥死后，我才明白，原来这一切都是源自空虚。那到底是毒品恐怖，还是空虚恐怖呢？"

你的努力，
终将成就无可替代的自己
ni de nu li,
zhong jiang cheng jiu wu ke ti dai de zi ji

046

对于青春来说，有时候"孤单"和"空虚"是可以划等号的。

人山人海里，你无法忍受自己的内心一个人的孤零零。就像白娘子在雷峰塔里的十八年，孙悟空在五行山里的五百年，那些空落落的岁月里，你想要什么都得不到，你不知道梦想是否可以实现，于是你想试遍这世上的所有办法。

在最叛逆的那些时光，我也曾大声说未来的路我自己走，不要你们管，仿佛是向世界宣告自己的存在，仿佛只有这样，才能证明自己，才能吓跑年少不安的胆怯灵魂；受了伤就只会哭着唱：每颗心都寂寞，每颗心都脆弱。都渴望被触摸。随着年龄的增大，不可改变的现状与理想的差距带来的孤单感也愈演愈烈，你会发现，越来越没人在乎你的感受。

因为早高峰你被挤得几次上不了地铁公交，甚至被踩坏了高跟鞋，挤掉了手机，而公司的打卡机只会忠实地记录下你迟到的时间，谁让你不早点出门？

你生病了，感冒、发烧、咳嗽，可能还附带大姨妈，痛苦万分但还是来上班了，领导第N次打回你的方案，你说身体缘故力所不能及，换回的是一句：身体好的时候可以做十分的事情，身体不舒服只能做到五分，既然这样你还不如请假。

你失恋，前一晚醉倒在酒吧，被朋友拖回家，吐了哭了也骂过了，第二天早上还是得按闹钟响起的时间起来，没有人可以为你的难过和没有状态买单。

流程上出现了错误，你解释说自己已经跟其他部门交代过了，但只有电话沟通，没有邮件备份，没有谈话记录备份，你如何证明自己的清白？

"疼痛"不是青春的外衣，找不到努力的正确方式，再怎么大声喊叫，世界都听不到。这个社会，并不认可无缘无故的矫情和没有任何价值的骄傲。很冷漠，也很公平。

过了二十岁，张狂和叛逆离我们大多数人已经越来越远了。那些不切合实际的幻想已经越来越少，取而代之的是巨大的失落。

我们曾经用自己的方式证明自己的存在，可后来却在求证的过程中迷失了自己；我们曾经想通过自己的力量得到独立，并且粗暴地回拒父母的关心，可却发现离开父母和我们朝夕相处的环境，根本连生存都没办法保障。

我们是这么无可奈何地发现，我们改变不了现状，反而被现状改变了。因为我们已疲倦，已不复激情，不复昔日的冲劲。我们越想越迷茫，恐惧和不安胀满了依然年轻的天空。

大学的时候，有位专业课老师在给我们上的第一堂课上说了一句话：

"你们这个年纪有权力说错话，有权力愚蠢。"

但是，这个社会，到底能够容忍我们犯多少次蠢？每个人都会经过自己的青春，却没有人能回答这个问题。

你需要在跌倒后一次次爬起来，叮嘱自己谨记教训，以防止下一次爬起来，已经赶不上大部队。最好的办法是，减少自己犯错的机会，起码要比别人犯错的次数少。

在空虚得足以吞下自己形体的无数个白天和夜晚，文字成为我形而上的依靠。我逃避华丽喧嚣的东西，用最简单的语言去描绘我接触到的世界和人的内心。

你的努力，
　　终将成就无可替代的自己
ni de nu li,
zhong jiang cheng jiu wu ke ti dai de zi ji

048

有时候能够成功，因为一个人最无法欺骗的，就是自己的内心，有时候不行，因为庞大的假象下，人心有时候就是华丽大袍下的虱子。还有的时候，写很长的文字，却无法准确表达某种心情。

那是因为内心的动荡不安。

越长大就越不能随心所欲地抒发感情，因为有了羞赧有了踌躇，对日益庞大的孤单无所适从，对无法掌控的未来和当下所见有了惧怕，不知如何诉说这无从诉说的世界。

但是等过了一段时间以后回头看，那些浸染自己悲喜的小文字，已经生动和鲜活起来，我才模糊地感觉到，我们似乎都要经过这样无所适从的年纪。对于未来指手画脚过，也畏手畏脚过，然后才能跨过那些被我们主观承受力放大了的伤春悲秋，才能切肤地体会必经的艰辛，我们才得以有足够的勇气哭出声来，发泄我们被孤单和无助压迫的那些光阴，我们才得以拥有热泪盈眶的青春。

很多时候，我们以为无法企及的温暖，其实隔着一道屏障和我们遥遥相望，只不过那时候的我们，因为太过害怕伤害而拒绝路过。

二十岁的时候看到这样的句子："如果有天我们湮没在人潮里中，庸碌一生，那是因为我们没有努力活得丰盛。""活着的价值，在于要有一个饱满的人生，隐忍平凡的外表下，要像果实般有着汁甜水蜜的肉瓤，以及一颗坚硬闪亮的内核。这样的种子，才能在人间深处生根发芽，把一段富有情致的人生传奇流传下去。"

　　说这话的人，已经在中国的某个角落，骄傲地做着自己喜欢的事情。而这些话，我看到后，就一直虔诚地记得。这些年来，走出自我膨胀的欲望，走出自我的小伤悲，已经开始渐渐平视这个世界。

　　小时候怕被别人抢走心爱的玩具，长大后怕走不出失恋的悲伤，成熟之后怕无法圆熟地与世界打交道。然而我们就是这么过来的，就像那首歌里唱的，一步一步走过我的孩子气。

　　总有一天青春会谢幕，我们会连无知地伤悲的能力都丧失掉。但这未必不是一件好事，你可能再也不会去思考自己是孤单还是寂寞，但是你会开始发现，即使站在热闹的人群，都不再害怕，即使一个人，都能自得其乐地享受人生。

　　成长的代价是巨大的。你也很可能会面临这样的阶段：将时光分为年月，将日子分为钟点，一点点地熬过去，内心空旷，一片死寂。

　　我曾经在一次讲座上遇到一个日本人，他告诉我，三年前他从未想过自己会离开日本到海外工作。当时公司派他到北京，他不会中文，不会英语，第一次离乡背井，父母妻儿不在身边，感觉快要崩溃。但是在中国工作生活的三年让他改变了当时的看法，渐渐地从内心抵抗到接受，进而主动报了个中文班，想要系统地学习中文。

　　"听完讲座后，晚上我就要去上第一节课了。"他眯起眼睛笑。

　　从生理上的青春走出来，去学习社会规则，学习生存技巧，是我们中的大部分人都要经历的第二次成长。你总要知

你的努力，
终将成就无可替代的自己
ni de nu li,
zhong jiang cheng jiu wu ke ti dai de zi ji

050

道，并不是那个少年没法让我们满意，并不是那个领导专门为难我们，而是我们自己没办法对自己满意。

每个人都必须穿越最寒冷的冬天，经历一个人的战争，才能抵达自我真实的内心。

我们每个人，都要经历许多难以忍受的寂寞、痛苦、和忧伤的浸染，才能慢慢到达成熟和丰盈。

做一个"向日葵"一样的人

盛装打扮，等待一场日出

朋友感冒咳嗽，久久不见好转。一日打电话给我，与我寒暄几句，自言药吃了一大堆却都不见效，边咳着边问我有没有什么治咳嗽的偏方。

我因为胃不好，平时生病都尽量不吃药，自然没什么偏方可以提供。她很遗憾地叹了口气，向我诉苦，说她有时晚上都会被自己咳醒。我听到电话里传来呼呼的风声，问她在哪里打电话。她说刚从地铁出来，正迎着风口。

这样迎着风讲话，难怪会咳成这样，我忙让她挂了电话。

接下来几天，她又常给我打电话，和我聊她最近的烦心事。

她仍然咳嗽，有时很烦躁，说怎么咳嗽迟迟不好，又说肯定是因为她老在外面跑，而北京雾霾太重，接着就开始聊她事业成功之后离开北京的大计。

我哭笑不得。

亲爱的朋友，生了病就得停下来，好好静心养着。你明明咳嗽，却每天忙着工作，不停地透支嗓子，和客户说完话，不好好闭口休息，还要继续和我聊天，饮食上也不注意保养，怎么能痊愈？

后来，她终于请了假，在家静养了几天，不说话，喝冰糖雪梨水，每天听听音乐，静静坐着看会儿书，牵着妈妈养的狗去公园散步，到了第三天，果然好了大半，不再咳嗽。

你的努力，
终将成就无可替代的自己
ni de nu li,
zhong jiang cheng jiu wu ke ti dai de zi ji

054

病去如抽丝，这是最急不来的事。

朋友说她也懂这个道理，事到临头却还是忍不住着急。只要一想到还有那么多工作需要她处理，她就停不下来。

听她这么说，我忽然想到，或许我们都是这样，活在一个停不下来的世界里。

周云蓬曾在《绿皮火车》里描述："曾经有那样的生活，有人水路旱路地走上一个月，探望远方的老友；或者，盼着一封信，日复一日地在街口等邮差；除夕夜，守在柴锅旁，炖着的蹄膀咕嘟嘟地几个小时还没出锅；在云南的小城晒太阳，路边坐上一整天，碰不到一个熟人；在草原上，和哈萨克人弹琴唱歌，所有的歌都是一首歌，日升日落，草原辽阔，时间无处流淌。"

读之令人心生向往。

而在一个停不下来的世界里，你会读到许多加班猝死的消息，会听到许多为事业名利毁掉健康，壮年早逝的悲剧。

每个人似乎都失去了耐性。

梦想恨不得一日成真，事业恨不得一跃千丈，感情最好今天见面明天就说我爱你后天就定下终身。

生怕等下去，一切就来不及了。

见过一些创业者，着急找团队、找资金、推广宣传，却很少把心思沉下来，花在产品细节的打磨和用户体验的提升上，结果团队勉强拼凑起来，资金到位，却因为产品体验不过关，留不住用户，最多靠推广火一把，然后就走向失败。

见过一些奔三的女人，天天急得像热锅上的蚂蚁，着急把自己嫁出去，担心再老就没人要，结果匆匆找个人嫁了。

今天的我们，不再需要花费漫长时日去等待一封信，等待一个人，只要打开微信、QQ，发出去几个字，立刻就能得到回应；想联系谁，只要按几个键，即使他在地球另一面，也可以立即取得联系；想见谁，高铁、飞机，再远也不过数个小时的路程。

但人与人之间的情谊并未改变，时间的流逝方式并未改变，四季并未改变，自然和人生的规律并未改变。

一个梦想，仍要浇灌心血和信念，付出努力，才能变成现实。

一段感情，仍要花费时间和精力，用心经营，才能日渐深厚。

好比等待一棵树的成长。你不能越过种子发芽这一步，也不能越过它每一步的成长，所有的树，都必须经历四季更替、阳光风雨，才能长成参天大树。

等待的过程，其实很隆重。

曾有人做过一个奇怪的社交APP。功能虽然是社交，用户注册之后却不能和任何人交流，只会得到一颗种子，并被告知：如果想要看到另一个人的资料，想认识对方，必须每天给种子施肥浇水，直到它完成发芽开花结果的一系列过程。

这样一个"反社交"的社交APP，市场反响可想而知。没过多久，因为下载量太少，开发团队就停止了维护。但是，当团队做出另一款大受欢迎的APP，再回过头来想要把原来的失

你的努力，
终将成就无可替代的自己
ni de nu li,
zhong jiang cheng jiu wu ke ti dai de zi ji

056

败产品下架时，意外地发现这款早就停止更新的APP里，居然还有六个用户。

这六位用户，仍然日复一日地为种子浇水施肥，等待着在这个孤独的世界里结识另一个人的机会。

团队的所有人都为此感动不已。

创始人当即做出了一个决定：继续为服务器续费，只要这六位用户存在一天，他就会一直保留住这个APP。

现在，这个APP已经不能再下载和注册，这六位用户成为最后的也是仅存的用户，继续在这个虚拟的世界里坚持着，等待着。

这六个人的故事在网络世界里被传扬。

在一个没有耐性的世界里，异乎寻常的耐性成了传奇。

同事的妹妹，从小的梦想就是去法国生活。但贫寒的家境让她连大学都读不起，比起天资平平的她，家人更愿意把希望寄托在聪明的姐姐身上。父母拿出全部积蓄供姐姐读了重点大学，而妹妹高中毕业就进了一家酒店当服务生。

因为工作勤奋，外形也不错，她很快升职当上了领班，薪水也翻了好几番。过了二十岁，家人开始催她相亲，希望她早早嫁了，不用再这么辛苦。她不肯，为了反抗父母，不惜辞职去了另一座城市。

就这样，过了好几年，忽然传来她去法国进修的消息。

家人都惊呆了，担心她是不是被骗了。细问才知道，原来她这么多年来，一直在利用少得可怜的业余时间自学法语，一点点存着钱,考TEF(法语水平考试),申请大学,办签证,默默做着去法国生活的准备。

一点一滴的努力,漫长的等待,终于换来梦想中的未来。

家人问她去法国后学费和生活费怎么解决,她说,有存款,有奖学金,有手有脚可以打工,总会有办法的。

是的,我们都相信这个从不放弃希望和努力的姑娘会有办法的。

三毛说,生活缓缓如夏日流水般地前进,我们不要在三十岁的时候,去焦急五十岁的事情,我们生的时候,不必去期望死的来临,这一切,总会来的。

用心浇灌一颗种子,它总会发芽。

静静注视一朵花,它总会开放。

耐心等待一个梦想,它总会绽放。

何必着急?

时日且长,日头每日升起又落下,落下又再升起。我们何不耐心等待,就像盛装打扮,走很长的路,去等待一场日出。

让阳光照进灰暗现实

他那年刚满十九岁,每天凌晨三点起床,骑自行车去送早报。

夏日繁星点点的夜空下,冬日呵气成冰的空气里,瓢泼大雨的凌晨时分,从来不曾有一天间断。

你的努力，
　终将成就无可替代的自己
ni de nu li,
zhong jiang cheng jiu wu ke ti dai de zi ji

058

就算发着烧，他也会挣扎着爬起来，摇摇晃晃去送报。有一次，在街道拐角处摔了一跤，幸好是凌晨，过往车辆不多，他就那样瘫在地上，等缓过劲儿来，就重新爬起来，扶起那辆不属于他的送报自行车。

这样的日子，他也没有太多不适应。反正自从父母早逝，被家境并不宽裕的伯父收养后，他就过惯了苦日子。考上大学后，伯父无力供他全部学费，他只好自己供自己上大学。也因此，他没办法和同学一样，喝酒，交女朋友，结伴去旅行，或者闲来无事才去打个工。他必须从早到晚打三份工，才能勉强养活自己。

晚上的打工，到夜里十点才结束，而早上这份工，凌晨三点就得起床。忙完之后，要么去上课，不上课的日子就接着去花店打下一份工。他每天忙得连轴转，根本没时间交朋友，也没时间打理自己。

乔丹说，他知道洛杉矶每天凌晨四点的样子。他在新闻里看到这句话，第一反应是自嘲。我知道这个城市每天凌晨三点的样子，那又怎样呢？人生仍然灰暗得看不到一点希望。

送完报纸，他习惯去街角一家营业到早上的小店吃早餐。自己带的吐司片，麻烦老板做成三明治。老板每次端出来的，都是细心切成小块而且赠送了鸡蛋的三明治。他低着头吃，不多说话，是一副畏缩惯了、自卑惯了的神情。

第一次遇见那个漂亮的女孩，也是在这家店。

女孩在五点一刻走进来，和老板笑着打招呼。看他在吃三明治，说她也想吃。老板很遗憾地告诉她没有了，三明治是这个男孩自带的。

他听了，犹豫着把盘子朝她那边推了推。

她很开心地笑了，拿起一个塞进嘴里，鼓着腮帮子连声赞好吃。

从那以后，女孩几乎每天都会在五点一刻走进店里，也自带吐司片，要老板帮忙做三明治，然后坐下来和他一起吃。

起初他很奇怪，怎么会有女孩子这么早来吃早餐，不管是上学还是上班，都不需要这么早起床吧？后来从老板那里得知，原来她是一个刚出道的偶像明星。

每天很早起床，大概是为了保持身材去跑步，要不就是去练功房练声、做形体练习吧。

他想，还没什么名气，她应该也很辛苦吧。

但她每次出现，都是一脸阳光灿烂，和他有说有笑。听说他每天打三份工，还夸他努力，听他讲打工的一些趣事，就笑得前仰后合。

他爱上了她。

就像一株生长在阴暗墙角的杂草，爱上了阳光。

不是不敢表白，而是不能。他能给她什么呢？除了每天吃早餐的这一点点时间，他没有其他时间可以给她。除了请她吃几个三明治，他没有余力再付出其他。除了几句口头上的鼓励，他不能给她的明星梦提供任何帮助。

他活得自顾不暇，根本没有力气去爱。

他活在他坚不可摧的自卑里，不敢对她好，刻意和她保持距离。却不知道她其实也爱上他了。

你的努力,
　终将成就无可替代的自己
ni de nu li,
zhong jiang cheng jiu wu ke ti dai de zi ji

060

就像阳光爱上了一株拼命向上生长的瘦弱杂草。

一个没什么名气的偶像,当然很辛苦。但她只要一见到他,就能忘记所有辛苦。从他身上,她可以得到无穷的力量。他的境遇明明要艰难得多啊,但他还在拼命努力,她觉得自己实在没有资格说辛苦。

他以为她要的是所有女孩子在一段关系中想要的那些,陪伴的时间,金钱,实际的帮助,至少,要一个能够带出去炫耀的男友。而自己什么也没有,配不上她,配不上爱。

却不知道她要的如此简单,唯有他这个人而已。

他自以为除了此身此心,一无所有,却不知道此身此心在她眼里已是最大的珍宝。

她觉得很奇怪,明明两个人很要好,聊起天来也很开心,但是他的态度总是不冷不热,甚至还经常对她表现出不耐烦。

难道他讨厌我吗?但是他仍然每天都去那家店吃三明治,应该是不讨厌我吧,或许他只是不善于表达?她心里想着这些,七上八下,却也不敢向他确认。

有一天,经纪人把行程弄错了,她有了一段空闲的时间。

忙碌惯了,一时之间不知道要做什么,在路上闲晃着,忽然想起他的大学就在附近,于是决定去学校找他。

虽然名气不大,但毕竟是在电视上露过面的人,在向人打听他的专业,在哪里上课时,她被人认出来了。周围的人一下子围了过来,要和她合影,找她要签名。她笑着一一答应。

这时,他正好从图书馆出来,看到这一幕。她抬起头,也正好看到他，于是开心地招手，叫他的名字。

围在她周围的人视线刷地一下转向他，他站在那里，被她和她周围那一群人注视着，感觉浑身不自在，皱着眉，也没敢回应她的招呼，扭头就走了。

她站在那里，手尴尬地停在半空，觉得一颗心忽然间就凉透了。

她不是盛夏的骄阳，充其量只是冬日的暖阳，当那样的阴暗和冷漠侵入心底，她也温暖不了那种巨大的寒凉。

那天以后，她再也没去过那家店。

再后来，她逐渐有了一些名气，报纸上说，因为她攀上了一位有名的制片人，受到提拔，所以星路亨通。

他一开始不信，直到报纸登出她和一个四十岁男人手牵手的照片，才信了。

他意志消沉地坐在店里。

老板说："你要是喜欢她的话，就去向她表白。"

他一脸阴沉："比起我这种一无所有的穷小子，当然是那种有钱有势的男人更好。"

老板第一次发了脾气，说了重话："你要是觉得她是这种女人，那我会庆幸她没有选择你。"

像是被老板的话踩到了痛处，他觉得心一下子揪了起来。

转过头，隔壁的座位空空荡荡。他记得每次她走进来，都理所当然地坐在那里，明明店里还有其他座位。

她每天都在五点一刻走进来，是因为知道他在啊。

可是以后，她再也不会出现了。

你的努力，
终将成就无可替代的自己
ni de nu li,
zhong jiang cheng jiu wu ke ti dai de zi ji

062

他终于又惭愧又悔恨又伤心，坐在一盘三明治面前痛哭流涕。

一株长在阴暗墙角的杂草，要怎么去爱阳光呢？只能拼命向着阳光生长吧。可是他不仅没有拼命生长，反而甘愿停留在阴暗之处，用他的冷漠扑杀了阳光。

一缕微弱的阳光，要怎么去爱一株阴暗之处的杂草呢？只能拼命让自己更温暖吧。可是她也没有拼命，她只是在触碰到坚硬的寒冷之后，转而牵起了另一双温暖的手。

所以他和她，都只能眼睁睁失去彼此。

时光不容许讨价还价

我们像一颗无意中被撒入泥土的种子，生根发芽。

鲜活，而又实实在在。

林徽因说，人生有太多过往不能被复制，比如青春、比如情感、比如幸福、比如健康，以及许多过去的美好，连同往日的悲剧都不可重复。

时光不容许你讨价还价，该散去的，终究会不再属于你。

所以，经常有人感慨着青春的逝去，那些美好的年华就在人们的的不经意间，从指缝、脸颊、发梢、甚至一丁点的悲伤中，倏然而逝。

所以，才有人感怀青春的美好，正像感怀青春的易逝一样。

所以才有人说，"青春就是拿来挥霍的"。

所以才有人说,"再不疯狂我们就老了"。

可是青春年华哪里又是这些条条框框就能定义的呢?

青春不是想当然的疯狂和放肆,更不是畏首畏尾地不敢前行。

真正在生命中放声歌唱的人,他们懂得如何与时间和平共处。

大学总是一个特别的地方,外表再端庄的女孩子,心里也一定也住着一个性格刚烈、敢作敢为的男孩子。我们宿舍老二就是这样,刚刚熟识就自称"二哥"。

了解得深了,才发现"二哥"从来就是个不同寻常的人,虽说她性格大胆豪放,明显的外向,但做起事情来却又能显出女孩子特有的那份细腻劲儿来。她像是一个潘多拉魔盒,每一天打开来看,都能给我们新的惊喜。

"二哥"很嗜睡,每天上课前都要费尽心思赖床到最后一秒,或者干脆把课翘掉,更遑论早起去图书馆自习。一到期末时,寝室的人相约在情人坡复习时,被硬拉去的"二哥"就坐在草地上啃烤红薯。

她从不在意成绩名次,可是她却始终名列前茅。

她是个太聪明的女孩子,她可以去更好的地方。

直到后来,我们才从"二哥"的同学、同乡那里得知了事情的原委。原来,"二哥"整个高中时代,都是当地学校的骄傲,都是一块响当当的"金牌",活泼开朗,品学兼优。可是这块完美的瓷器,却出现了裂痕。

高三上学期快要结束的时候,一向大大咧咧的"二哥",

你的努力，
　　终将成就无可替代的自己
ni de nu li,
zhong jiang cheng jiu wu ke ti dai de zi ji

064

竟然不可救药地喜欢上了复习班里一个长相平凡的男生，并且很快成为全校师生眼中的"奇闻"。要知道，像"二哥"这种学习成绩又好，长相又出众的小女生，自然身边少不了献殷勤的人，偏偏入了眼的，反而是其貌不扬的那一个。

这种事情的结果，不说也明白，自然是家长、校方的联合规劝，围追堵截，因为谁也不想失掉这个为自己争得颜面的"好苗子"，谁也不想"二哥"就此"堕落"下去。因为这段突然出现的变故，已经改变了她的学习，让她的学习成绩一落千丈。

现实总是残酷的。

巨大的压力面前，复习班的男孩子先撤退了，但也因此受到了影响，报考了一个离"二哥"远远的地方院校，而"二哥"也因为这段变故，最后考到了我们这么个不起眼的院校，与她本来能考取的、人们眼中的清华北大，相去甚远。

在人人都为她可惜之时，"二哥"作为当事人却从来不以为然，她说她从来不后悔。

谁说只有名列前茅、前程似锦才叫作无愧于青春？

大学时光是美好的。

大学时光又是易逝的。

在那些没心没肺的笑容中，四年时光很快就过去了。

我们或者考研，或者直接工作，再到后来嫁人做媳、结婚生子，彼此间的通话频率从一周几次减为一周一次、一月一次，直至一年、两年都难得再联系一次。

　　我们曾经分享过彼此最隐秘的心事，了解过彼此的一点一滴。可是我们终究被风吹散，散落在天涯。靠怀念存活。

　　如果不是那张远道而来的明信片，我很难再从忙碌的生活中分出心神来想起曾经那个快乐得可以恐吓太阳的姑娘。

　　看着手中明信片上的地址，特罗姆瑟。

　　我第一次听说这个名字，是在某次的卧谈会上。我已经记不得那天晚上我们究竟聊了些什么，但我记得那天晚上，有一个姑娘说起她的梦想，她的眼神，像是在沙漠中开出的玫瑰。

　　那个姑娘就是一向大大咧咧的"二哥"，她看着我们每一个人，对我们说起这个叫特罗姆瑟的北欧小镇，她说那里有美丽的北极光，她说那里是她的梦。那时的我们只是笑，因为我也曾经渴望去普罗旺斯看一场薰衣草的盛宴。

　　可是现实毕竟是现实，"二哥"的家境普通，往返北欧的机票费用贵得让人咋舌，而就算有朝一日有力奔赴，生活琐碎，也应该早就磨烂了一颗盲目追寻的心。

　　随明信片一起寄过来的还有几张照片，"二哥"抱着吉他，和一群当地人围着篝火，有人在跳舞，"二哥"又笑出了她的虎牙，那是我们用多少保养品都留不住的灿烂。她不害怕时间，所以时间不会伤害她。

　　我突然想起那个时候，在我们每天计划着要去哪儿去哪儿时，"二哥"不太参与的，她买了一把吉他，唱些奇奇怪怪的歌曲，现在想来，当时她嘀嘀咕咕的大概是挪威语吧。

　　我们每天都在为流逝的青春和时间讨价还价，而那些像"二哥"的人，他们却已经和时间一起奔向了想要到达的地方。

你的努力，
终将成就无可替代的自己
ni de nu li,
zhong jiang cheng jiu wu ke ti dai de zi ji

066

过一场没有重复的人生

宇欣第一次去芬兰，是作为交换生去留学六个月。

十九岁的女孩，在陌生的北欧国家里，看什么都新鲜，玩得很嗨。但是，最后两个月，她开始感到孤独。孤独到难以忍受，以至于交换期还没结束，她就买机票提前回国了。

大学毕业后，大多数同学都选择继续深造，宇欣却决定出国工作。不是为了弥补之前对孤独的逃避，她只是很想做一些不一样的事情。

很果决，却没有失去理智。她投了三百份海外简历，同时也投了二十份国内简历作为退路。

最终，一份来自芬兰的聘书将她再一次带到了那个并不热情的国家。白羊座的宇欣很自来熟，擅长迅速和陌生人打成一片。事实上，她在芬兰的前半年时间，的确过得很快乐。她和当地人一起喝酒、聊天、做饭，周末去邻国瑞典旅行。

但孤独感很快就卷土重来。

赫尔辛基逛遍了，北极圈也去过两回，在码头、广场喂过许多只鸽子，宇欣开始在每天下班后无所事事。她发现，在这个圣诞老人的国度里，人们活得一点也不狂欢，一点也不热情，除了谈论天气，她和他们的对话无法深入下去。宇欣有时坐在公交车里，看着车里的人隔着遥远的距离，彼此都不交谈，就感觉到难以言喻的寂寞。

冬天，极夜开始影响这个国度所有人的生物钟，有时候，宇欣刚起床吃过饭，天色就暗了下来。白昼的短暂，阳光的缺乏，令人郁郁寡欢。

十八个月后，宇欣终于选择离开芬兰。

朋友都说，你看，这果然是一次错误的选择。

父母更是对她一通数落：早就叫你不要去，现在好了吧，灰头土脸地回来了，工作又得重新找，一切都要重新开始……

宇欣没有时间消沉，也没有打算停下来，她申请到一家跨国公司的职位，同时计划着去中东和位于挪威边境的北极科考小站。

工作稳定，早日组建家庭，生儿育女，这是父母对宇欣的人生的期许。

而一场没有重复的人生，才是宇欣对自己人生的梦想和憧憬。

为什么一定要在年轻的时候就决定一生要走的路？我还年轻，我想走遍这个世界，想每天早上起来都会对这一天充满期待。

这无关成败，也无关乎人生最终的结局。

以梦为马，去做那些让你义无反顾的事，哪怕今日天涯，明日海角，也好过内心颠沛流离于尘世，无梦可依。

"一个理想主义者，应该听从自己内心的安排。"丹尼尔去南美做义工时，给夏幸发邮件。

当时，夏幸正在开会。公司接了一个大单，要她负责创意方案设计，可是预算不够。夏幸在会议上唇枪舌剑地和老板谈判，要求增加预算。

你的努力,
终将成就无可替代的自己
ni de nu li,
zhong jiang cheng jiu wu ke ti dai de zi ji

068

夏幸没有告诉老板,她那段时间正好得到一个机会,可以跟随一个纪录片摄制组去非洲的塞伦盖蒂草原。

导演系毕业的夏幸,毕业后找不到电影相关的工作,只好靠叔叔的人脉进了这家著名的广告公司。工作中唯一和电影沾点边的就是拍摄商业广告和微电影,但她做的是策划工作,除了提供创意脚本外,根本轮不到她插手现场工作。

能够跟随摄制组行动,即使只是打杂,也是她一直以来梦寐以求的。但如果去非洲,就必须辞掉现在的工作。在上海这座大都市,谁都知道辞掉工作意味着什么。况且纪录片摄制组是几家全球性公益组织赞助的,能够提供的报酬相当微薄。

丹尼尔的邮件里说,他在布宜诺斯艾利斯的旅馆里做了个梦,梦见自己去了繁盛时期的楼兰。

夏幸遥遥遐想楼兰古城,一面看到老板已经给出预算上限,和自己的理想目标差了一大截。想到自己的创意和策划有一大半要付诸东流,夏幸不由得叹了口气,合上了会议笔记。

老板吓一跳,问:"怎么了?不就是预算吗?没问题,我相信你能搞定。"

夏幸给老板看丹尼尔的邮件。老板夸张地翻个白眼:"布宜诺斯艾利斯?你们这些人,就是太理想主义。"

为什么不能理想主义?曾经在中国留学的丹尼尔,回德国后在一家律师事务所做法律顾问,服务的客户都是全球五百强公司,薪水十分优渥,但他的理想其实是做公益事业。几年后,他向着他的理想出发了,从此整个世界都是他的家。

那我呢?夏幸想。

辞掉工作时,夏幸对自己说:嗯,一个理想主义者,应该听从自己内心的安排。

米歇尔常被人说成是理想主义者，但她其实没有什么了不起的梦想，她唯一的梦想是：未来有一天和自己的孩子谈起人生时，有足够的谈资。

年轻时，她试着去做很多事。有一年，她趁着大学寒假，独自去印度做了一个月的志愿者。跨年的那个周末，她和小伙伴们去沙漠玩，年后坐火车从金色之城杰森梅尔回新德里。

当时天色已晚，时间很赶，她和一个台湾妹子同行，进了火车站，看都没看就上了一辆停在站台的车，松了一口气准备躺下来休息。

列车员大叔过来查票，发现她们坐错了车。本来是要北上新德里，结果上了开往南印度的车。大叔紧张地说，你们赶紧下车。当时车已经开动，米歇尔和台湾妹子茫茫然地被推搡到门边，抱着枕头、毛毯就这么连滚带爬地跳了下去，幸好没有受伤。

车上的人都趴在窗口，相当热情地招呼她们赶快上对面的车。她和台湾妹子冲向对面站台，一辆鸣着汽笛的火车刚刚进站，还没停稳，两个人把枕头、毛毯和行李往车上一扔，台湾妹子就先跳了上去，米歇尔犹豫间也被车上看热闹的人拽了上去。

一上车，她们又傻眼了。

原来这辆火车也不是开往新德里的。正打算等车停稳后下车，谁知被车厢里一群男孩给缠住了。一开始只是搭讪，后来越闹越不正经，其中一个男孩甚至想凑上去亲那个台湾妹子。米歇尔想起新闻里报道的印度公交强奸案，害怕得浑身发抖。

你的努力，
终将成就无可替代的自己
ni de nu li,
zhong jiang cheng jiu wu ke ti dai de zi ji

070

幸好遇到一个英语很好，看上去很斯文的大叔，上前劝住了这群男孩。大叔问明她们的目的地，还帮她们找到了正确的车次。

回到中国，米歇尔不敢和父母提这段经历，怕他们担心。但她兴奋地对台湾妹子说："等以后有了孩子，一定要跟孩子讲妈妈在印度跳火车的惊险故事！"

不仅是印度跳火车的故事，未来她大概还会有更多的谈资，足以跟自己的孩子讲一辈子"妈妈和这个世界之间发生的故事"。

曾听朋友路易丝讲过她的一段见闻。

她在英国留学打工时，常常在假期出门旅行。有一次她决定去挪威，但挪威的酒店很贵，于是她想起了沙发客网站。

路易丝发出了几十份的申请，最终收留她的是一个挪威的四口之家。令她惊喜的是，四口之家的男主人居然是一位挪威海军军官，这让从小就迷恋海军的路易丝兴奋得不得了。

不过，来接她的既不是男主人，也不是女主人，而是来自泰国的纳尼，一个同为"欧洲漂"的亚洲女孩。路易丝和她一见如故。

两人夜里在沙发上分享人生经历，聊了很多彼此的事。泰国姑娘说她精通四国语言，并告诉路易丝她的专业是国际教育，梦想是让更多的泰国孩子学会外语，走出来看看这个世界，看看这个世界到底有多大，而他们在国内的烦恼又是多么的小。

泰国姑娘的双眼放光，路易丝却湿了眼眶。

描绘梦想，我们总是习惯呕心沥血，生怕不能把自己感动得泪流满面。

但实际上，用最通俗的语言描述梦想的含义，无非就是做你想做的事，过你想过的生活。

为此，无怨无悔。

过一场没有重复的人生，为喜欢的工作远走非洲，印度的跳车经历，让更多孩子出来看看世界的愿望——所有赐予你热情，给予你动力，让你义无反顾想要实现的事，都可以是梦想丰满的羽翼。

让每个人都在自己的故事里绽放

我曾经听说过几个与你有关的故事。

只是与你有关而已，在这些故事里，你不是主角，只是配角。

如果把你比作一朵花，那么你并没有在许多人的注视下，开在三月烟雨里，败在暮春黄昏后，赚足人们的欣喜和欢笑，伤怀与眼泪。

是的，你并没有。你只是开在别人盛大的故事背景里，静静地开，静静地凋谢，来过，又走了，有人看到，有人没有看到，有人记了一生，有人转瞬即忘。

这很寻常。因为你只是你自己的主角，每个人都只能是自己的主角。

可惜这道理你领悟得太晚。

你的努力，
　　终将成就无可替代的自己
ni de nu li,
zhong jiang cheng jiu wu ke ti dai de zi ji

072

第一个故事

她是你的好朋友之一。

你却是她人生第一个好朋友。

此前她当然有过很多朋友，从小一起长大的发小，小学、初中、高中的玩伴，在网上聊得来的朋友，旅行时结交的朋友，但直到大学与你相遇相识，她才觉得自己的人生里第一次有了好朋友。

在她心中，朋友和好朋友的概念相差甚远。

她不会对朋友说自己羞耻的糗事，不会向朋友倾诉幼稚的梦想，不会告诉朋友自己曾经为暗恋的人做过多少傻事。

但她会告诉你。

你问过原因。她说，她觉得你懂她。

是的，在她心目中，你们是彼此的知己。

知己这种感觉很难说，同寝室四个人，她就只喜欢和你玩，只有在面对你时，才有说不完的话，只有和你在学校后门把酒言欢，才觉得痛快。

但她几乎是带着悔恨在诉说这个故事：不食人间烟火的知己，在青葱校园里尚且可以维持纯粹，一沾染现实，就一败涂地。

毕业前，她抢了你的男友。

真的不是故意的。是你的男友追的她，而她觉得，无论如何，爱一个人是没有错的，她在你面前哭泣，真的对不起，对不起……

你气得打了她一个耳光。

毕业后，你们断了联系。

现在，她后悔得不得了，恨自己当时鬼迷心窍。如果再给她一个选择的机会，她说她一定会选择一辈子的友情，而不会选择一场转眼成空的爱情。

可是，谁知道呢？

每个人都只是在当下那一刻做出了自以为正确的决定。那一刻过去了，就永远地过去了，没有重来的可能。

第二个故事

他是你的第一任男友。

你却不是他的第一任女友。

是谁说过，这个世界上从来没有对等的爱。

有时，你喜欢他，他不喜欢你。有时，他喜欢你，你不喜欢他。还有些时候，你们两情相悦，付出的感情却并不对等：你全情投入，一心一意；他却边爱边退，要么沉浸在上一段失败的恋情里无法自拔，要么视线里还有除你之外的其他女孩。

你和他就是如此。

他说，他决定和你在一起的时候，真的是下了决心要对你好。

每一个节日他都陪你一起过，送你礼物，每天给你发短信，关心你，照顾你，为你做一切男朋友该为女朋友做的事。

可是，怎么办呢？夜里说梦话，他叫的不是你的名字。走在大街上，他眼神留意的女生类型，永远是像初恋女友那样长发飘飘、长相清纯的女孩。他忘不了她。

大四的时候，你留起长发，黑色的直发，走动时随风轻扬。他却忽然觉得无法和你在一起了。他说你长发飘飘、抿着

你的努力，
　　终将成就无可替代的自己
ni de nu li,
zhong jiang cheng jiu wu ke ti dai de zi ji

074

嘴不说话的样子，太像他的初恋了。他受不了。

追你的好朋友，纯粹是巧合。他说，恰好她离得最近，而且是短发女孩。

他当时脑中所想，只是想要迅速地离开你，最好是用你无法接受的方式。

果然，你当时什么也没说，就离开了他的视线。

六月毕业季以后，你们再未相见。

如今，他再想起你，只能记起一个模糊的影子。

这样的男人，心里记得最清楚的，总是那个一度得到又永远失去的初恋。唯有初恋，是记忆里最初的美好，此后谁也不能取代。

第三个故事

他们是你的父母。

你是他们唯一的女儿。

他们曾经认为，自己是世界上最好的父母，而你是世界上最好的女儿。

你们不像别的家庭，父母是父母，儿女是儿女，你们没有隔阂，亲密得好像朋友、知己。你们几乎无话不谈，他们那一代人过去的故事，他们的烦恼，你都会认真听，而你喜欢的流行音乐，你在学校的见闻，甚至你的心事，他们也都会用心倾听。

你们一起去旅行，一起去新开的餐厅尝鲜，一起去江边散步看夜景，甚至你有了暗恋的男生，他们也不像别的家长那样反对早恋，而是光明正大地给你分析利弊，为你鼓劲。

直到你的叛逆期来临，这个完美的家庭蒙上了阴影。

他们说，你的叛逆期来得很晚，在大学毕业后才开始叛逆。

本来，他们打算和你一起商量。他们并不打算干涉你的职业选择，对你的人生规划指手画脚，他们只是想要用自己的阅历和经验，为你提供一点小小的参考。毕竟，从小到大，关于你的任何事情，都是一家人商量决定的。

谁知道，你完全不和他们商量，就私自申请去国外当交换教师，而且去的是远在非洲的一个很小的国家。

这是怎么回事？他们一下子有点懵。

你办好一切手续，抵达目的地，才给他们打电话，让他们不要担心。

他们怎么可能不担心呢？但没有办法，他们只好等你一年交换期到期回国，再和你谈。

他们没料到的是，你回国后又马不停蹄地去了上海，在那边做了一名翻译。从此在世界各地飞来飞去，极少回家。

你的父母这次真的伤心了。

他们仍然一起去旅行，一起去新开的餐厅尝鲜，一起去江边散步看夜景，但他们有时坐在家里，面面相觑，会想着："我们做错什么了？为什么女儿会变成这样？离我们这样远？"

听完这三个故事，我发现自己根本拼凑不出你的模样。

每个故事都与你有关，可是每个人在讲述的时候，都是在说自己。

如果在从前，你大概会说，人都是自私的。但现在，你只

你的努力，
终将成就无可替代的自己
ni de nu li,
zhong jiang cheng jiu wu ke ti dai de zi ji

076

会说，你可以理解。若你来讲述这三个故事，当然也只会说自己。

每个人，不管和你多么亲近，都只能活自己的一场人生，不是吗？

你告诉我，在第一个故事里，你的好朋友说出那句"你懂我"的时候，你真的很感动，心里想，一定要成为世界上最懂她的人。

她喜欢看电影，所以你也看电影，而且只看她看过的电影，为的是某一天她和你聊起来，你可以对答如流，还能说出合她心意的回答；她喜欢在有风的时候站在阳台上发呆，喜欢在有云的日子里躺在草地上听音乐，喜欢在有星星的夜晚去操场散步，你陪着她，希望能够在每一个合适的时机，背诵几句她喜欢的诗；她有一个幼稚的梦想，告诉了你，于是你去查阅一切和这个梦想有关的资料，了解这个领域的所有动态，为的是有一天可以成为她梦想的助力。

没错，你们是知己。你当然懂她。哪怕全世界背叛她，反对她，你都会站在她身边，说一句"我懂你"。

结果，你只看到一个你再也看不懂的她，挽着你的男友，出双入对；看到她来跟你说对不起，眼神里却没有一丝悔意。

在第二个故事里，你原本也以为你和他是两情相悦，但后来渐渐察觉，他对你有些心不在焉，那阵子，恰好你第一次听说了他初恋女友的故事。你那么爱他，当然愿意为了他而改变，你想，哪怕只是替身也好，只要他愿意把视线停留在你身上。

于是，你蓄起长发。你的头发长得很慢，发质也不好，整整两年的时间，你花了多少时间来打理，费了多少心思来保养，才养出一头黑亮的长发。你知道他的初恋女友是冷美人，所以你也故意减少了表情，尽量冷着一张脸。

结果，他为了从你身边逃走，去追求你的好朋友。那个时候你还天真地想，怎么会是她呢？她明明和他的初恋一点儿都不像。

在第三个故事里，你起初也觉得，你的父母是天底下最好的父母。别人的父母都很严肃，你的父母却从来也不凶你，永远温言软语，问你的意见。别人的父母都说一不二，你的父母却永远耐心地和你说话，哪怕你的话再幼稚，他们也不会嘲笑你。

你是真心想要成为他们心目中最好的女儿，温柔，善良，优雅，有教养，聪明，讲道理。你走在他们中间，挽着他们，得体地微笑，你是他们这辈子最大的骄傲。

等到你终于发现你的错误时，你已经失去了最起码的自由。

考大学时，你想考一直很感兴趣的新闻系，你想当一名记者，父母却觉得你不太适合，当记者太辛苦了，而且这个职业很不安定，压力也大，他们轻声细语地建议你，是不是学英语更好一些？英语很重要，学好了总没有坏处。你觉得呢？

每一次，他们和你商量，最后总会说一句"你觉得呢"，然后以殷切又亲和的目光注视着你，仿佛早已知晓你无法拒绝。

你当然无法拒绝。你是他们心目中最懂事的女儿啊。

所以每一次你都点头说好。

你的努力，
终将成就无可替代的自己
ni de nu li,
zhong jiang cheng jiu wu ke ti dai de zi ji

078

直到毕业时，你才终于第一次违背了父母。因为好朋友和男友的背叛终于让你意识到，你错了。错在总想成为别人故事里的主角，满足别人的期待，却对真实的自己置之不理。

结果，你绽放在他人的故事里，成了配角，却从未在自己的故事里以主角的身份绽放得鲜妍美好。

你告诉我，此后你只会在自己的故事里绽放。

不会再为任何人，演绎出一个虚假的、连自己都讨厌的你。

村上春树说："白昼之光，岂知夜色之深。"很像《白天不懂夜的黑》唱出的那种隔阂和无奈。但假如你是白昼，又何必非要知道夜色之深？不如只欣赏自己绽放的耀眼光芒。

就让每个人都只在自己的故事里绽放吧。

这样的世界或许才更美好。

下个路口，再见

外公去世时，我人在外地，正为一份不太适合自己的工作忙得焦头烂额，为一段不太适合自己的感情心力交瘁。妈妈一个电话打过来，还未开口，声音就已哽咽。我愣在电话这边，半天说不出话来。

"请假，我马上请假回去。"许久，我才憋出这句话。

妈妈却平复了心情，说："不用了，已经火化了，葬礼也结束了。"

我再一次愣住。为什么现在才告诉我这个消息？

"你外公是突然发病的，心肌梗死，刚送到医院就走了。除了你舅舅，我们都没有见到他最后一面。我知道你这段时间不太好过，不想让你分心。"

可怜天下父母心。明明自己刚刚失去了父亲，仍然不忘为女儿的处境考虑。

"妈，我回去陪你。"没有理会她的反对，我执意做出了回家的决定。

接下来，辞职，分手，坐在回家的高铁里，想起外公，泪水怎么也止不住。

外公和妈妈一样，都是温柔的人，对我这个唯一的外孙女尤其宠溺，见到我就眉开眼笑，牵着我去超市买零食，去逛龙舟会，知道我读书好，会特意给我讲很多冷门的知识，讲过去的历史趣事……前不久还在一起欢笑的人，转眼就消失不见。不管经历几次，我始终习惯不了这份痛楚。

记得大学上文学课，那个穿旗袍的美女老师为我们讲解《古诗十九首》，然后她站在讲台上温婉地问我们："生离，死别，你们觉得哪一个更痛？"

一直觉得这是一个无比残忍的问题。

死别当然痛苦。男友跟我讲过他最好的朋友在20岁生日之前丧生的事。他说，那天很冷，路上结了冰，朋友清早开车去机场接一位亲戚，路太滑，他刹不住车，被卷到一辆卡车车轮下，当场死亡。朋友的爸爸赶来时，哭成了泪人，拼命去推那辆重达好几吨的卡车。

男友说到这个细节，湿了眼眶。怎么可能推得动呢，可是

你的努力，
　　终将成就无可替代的自己
ni de nu li,
zhong jiang cheng jiu wu ke ti dai de zi ji

080

听说他爸爸就那么拼命去推，想把那辆压住了儿子的卡车推开。男友那天夜里才得知消息，当时他也只是个19岁的大孩子，接到电话，发了好久的呆。然后去敲爸妈的房门，也不知道该说什么，只是站在那里看着爸妈，一直发抖，心像被钝刀割着，痛得厉害。

失去挚友的痛，至今仍在。他甚至都没来得及跟朋友说一声"再见"，就再也见不到了。

生离当然也痛苦。当初和男友各自在异地上学，最难过的时刻就是每一次短暂相聚之后的分离。在车站久久地握着彼此的手，站在月台看着列车绝情而去，整个身体都像被撕裂一样痛。泪如雨下地计算着下次见面的日子，想到还要那么久才见面，就会觉得中间这一大段需要独自度过的日子变得无比灰暗，毫无意义。

后来，深爱过好几年，彼此都以为未来肯定会在一起，谁知转眼已成了最熟悉的陌生人。一朝离散人海，从此老死不相往来。我知道他还活着，他知道我还活着，是生离，却痛如死别，明明心底还留存着一线希望，一丝痴心，却只能硬生生压下来，告诉自己不能再打扰，不能再相见。

生离的痛，死别的痛，怎能比较，怎能放在天平上精确衡量？

这一生，我们都是走过无数个路口，和无数人告过别，说过无数次"再见"，然后在一次次"再也不见"的痛楚和遗憾里成长。

起初，总以为时日还长，转过一个路口就会再见，所以轻易说出一声声"再见"。后来才知道，并非所有"再见"，都是放学回家，第二天早上就能见到的"再见"，不是有缘就会相见的"再见"，有的"再见"，是说时无心，到天人永隔时才知是此生再也不会相见的"再见"。

记得上大学后的第一个寒假，刚到家，父母就告诉我，前两天附近出了一起车祸，在车祸中丧生的人，是一个和我差不多大的女孩，好像还和我念同一所高中。我大吃一惊，忙问是谁。

父母告诉我名字，我的脑海里立刻浮现出那张纤瘦苍白的脸，总是戴一副小巧的眼镜，说话时细声细气，是个害羞又温柔的女孩。

不到18岁的年纪，像花朵含苞待放的时节，就这样陨落了。

我和她不算熟，却也同窗了三年。毕业的时候一起拍了毕业照，一起吃饭，偷偷喝了酒，笑着说了"再见"。

谁也没有想到，一声"再见"，原来是再也不见。

人的成熟，大概都是从第一次郑重地道一声"再见"开始的。要经历生离死别的痛，才懂得去珍惜身边的一切。

小时候，以为父母永远会在身边，长大才知道，如果不出意外，他们肯定会先一步离你而去；小时候，读六年小学都觉得像一辈子那样漫长，转眼间，却已结束了十几年的学生生涯，和所有的同学老师告别，开始在社会上打拼了；小时候，得到一个洋娃娃，得到一张漂亮的糖纸，交到一个新朋友，都以为能拥有一生，长大却发现，那些在你身边的人，不知不觉已换了一茬又一茬了。

你的努力，
终将成就无可替代的自己
ni de nu li,
zhong jiang cheng jiu wu ke ti dai de zi ji

082

终于，你开始去理解这个事实——总有一天，所有的人都会离开你，就像你总有一天会离开所有人。

《千与千寻》里说："人生就是一列开往坟墓的列车，路途上会有很多站，很难有人可以自始至终陪着走完，当陪你的人要下车时，即使不舍，也该心存感激，然后挥手道别。"

所以那一天，我去了外公的墓地，久久站在那里，手抚过墓碑，在心里轻轻说："再见了，再见了。无论生离，或是死别，我们终将在另一个世界里再见。"

D

把幸福握在自己手中

不在别人身上寄托梦想

幸运有时是一种实力，世上没有永远的幸运儿。

我属于天生运气较好的一类人，家境好，长得好，学习好，工作好。

有些幸运是命中注定，而有些不是，比如我的工作，能够在三十岁时做到这个职位，说起来还得感谢一个人，是她给我上了一课，让我明白了一个道理：没有永远的幸运儿，好运气其实也是一种实力。

2010年8月的一天，我坐在洒满阳光的玻璃窗前，故作平静地品着咖啡，内心却早已澎湃成河。再过几分钟，新主管的人事令就下来了，我志在必得。

然而，人事令上赫然写着另一个人的名字：王丽萍。

王丽萍怎能与我相比？大专学历，农村背景，身材肥硕，说一口土得没边的山西普通话。而且，她在公司是打杂出身的。

记得当初与我一块儿参加面试时，经理仅用余光扫了她三秒就下逐客令了："王小姐，对不起，你可能不适合这个职位，谢谢你来参加面试。"

公司采取的是围桌式面试，六名面试者围桌而坐，分别回答面试官的问题。王丽萍就坐在我的左手边，我几乎能感觉到她紧张的心跳和因紧张而上升的体温。

听了经理的话，王丽萍没有立刻出去，她站起来，直视经理说："我喜欢这份工作，能不能让我留下来？我可以不计薪

你的努力，
终将成就无可替代的自己
ni de nu li,
zhong jiang cheng jiu wu ke ti dai de zi ji

086

酬，而且免费加班。"

廉价劳动力啊，我在心里摇头，不自重身价只会没身价。我同情地瞥了王丽萍一眼，没想到却被她逮住了这一瞥，而且她还回了我一个真诚的微笑。

那次，公司招了两个人：我和王丽萍。第一个月，我的工资单上写着六千，而王丽萍的是两千。

起点决定终点，从那时候开始，我对王丽萍就抱着轻视的态度。

我的办公环境不错，座位靠窗，可以俯视写字楼下的繁华街道。王丽萍的座位是加进来的，在公司角落里支了一张桌子，就成了她的工位。

可能是同为新人的缘故，王丽萍特别喜欢跟着我，鞍前马后，非常殷勤。开始我只是让她帮我做些复印、打印、收发文件之类的小事，后来熟了，一些复杂的活儿也交给她干。她从不拒绝，有时我吩咐她同时做几件事，她怕忘了，用小本子认真记好，记完还要跟我确认一次。而且，无论我怎么挑她的错，她从没怨言。有一次，我口授思路，让她形成文案，她怎么也弄不明白主旨，被我训得七荤八素。末了，她还小心翼翼地道歉："对不起，我太笨。"

跟王丽萍在一起，我很有优越感——名校毕业，城市小姐，时尚大方，擅长交际，哪样不比她强？我在公司里如鱼得水，工作得顺心顺意。

我聪明，会偷懒，拿王丽萍当助理使，但这样做也有让我哑巴吃黄连的时候。

那年圣诞节，公司要举办晚宴，由我负责布置现场。这种累活我一向能躲则躲，接到通知后，我把王丽萍叫过来一番耳提面命，看着王丽萍得了圣旨般出去忙活，我气定神闲地坐在电脑前看起了贺岁片。

现场布置得富丽堂皇，处处彰显出大公司的体面和大气。王丽萍不知从哪弄了棵巨大的圣诞树，上面用彩灯打了一个醒目的公司标志。晚宴上，这个创意引起了老板的注意，他提出想见见这个创意的设计者。

布置现场是我的工作，本来应该由我去，但是经理点了王丽萍。我无话可说，谁叫我布置现场的时候在偷看电影？所有参与布置的人都知道，是王丽萍自始至终在忙活。

那个圣诞是我最痛苦的记忆之一，很快，年终评选会上，我再次被王丽萍震惊。

评选优秀员工，王丽萍全票通过。王丽萍平时谦卑谨慎，又勤快能干，人人都享受过她的免费劳力，而且，她在公司没名没分，投她一票没有任何威胁，卖个人情何乐而不为？而这样没有争议地拿到优秀员工奖，在公司还是第一回。董事长对此很好奇，他想看看王丽萍究竟是何方神圣。

董事长找王丽萍面谈了足足两个小时，那两个小时里，我如坐针毡。

过完春节，王丽萍就与我平起平坐了，但她在我面前，依旧谦卑低调，任由我使唤。我对待她的态度虽然有所改观，但心里终究还是有些瞧不起她，不就是一打杂出身吗？

一年以后，因为我和王丽萍的主管升职，部门经理职位空缺，公司肯定得提拔人补这个空缺，看了看身边的王丽萍，我笑了。

你的努力，
终将成就无可替代的自己
ni de nu li,
zhong jiang cheng jiu wu ke ti dai de zi ji

088

然而，人事令上分明写着"王丽萍"三个字。

任何人都可以，唯独王丽萍不行，我冲进经理办公室，与他理论。

"凭什么？我哪里不如王丽萍？"

经理什么都没说，默默递过来两张考勤表，一张我的，一张王丽萍的。我的那张有多处空白，王丽萍那张则画得满满的，她几乎每周都加班，而我，不是迟到就是早退，请假也特别多。

经理又拿出两个本子，分别记录着我跟王丽萍的工作业绩，我的依旧空白，她的照样写得满满的。

经理再递过来一摞方案，是王丽萍加班时写的关于公司建设方面的意见，我翻了几页，立刻蔫了，不少观点都是我平时跟她卖弄时随口说的，她如此有心，又如此勤快，不仅记了下来，还理得清清楚楚，做成了精美的方案。

经理再递过来的本子，我不敢接了。

Every dog has a day. 这是一句英语谚语，意思是，每个人都会有走运的一天。人事令下发的那一天，就是王丽萍的好日子。对她来说，青春如同一场战争，无论悲壮或惨烈，她都要勇敢参战。不在别人身上寄托梦想，不在乎身旁的耳语，只是告诉自己要努力，才能打赢这场"仗"。

人生仿佛一场局，迷茫时在局内，参悟时已在局外。

当我意识到自己和王丽萍之间的差距时，我才明白，我应该努力去争取属于自己的"那一天"。

我用最快的速度递交了辞职信，临走前，王丽萍过来送我，眼圈有点红，说："对不起，我不是故意的，我只想向你学习。"

我一摆手："不用道歉，你没有错。"

我换了新工作，在新公司里，我勤勤恳恳地工作，成绩斐然，升职也快。每次升职，我的心里都有一股酸甜的感觉，自然而然地想起王丽萍。

有一天，我经过原来的公司，和王丽萍不期而遇。她瘦了，穿着高档套装，脸上是精致的妆容，一副资深白领的派头。

迎着灿烂的阳光，我俩相视而笑。

别害怕，迈出脚步

在一个著名的图片网站上有一位八十四岁的老奶奶，喜欢穿花哨的衣服，化很艳丽的妆，涂粉色指甲油，爱自拍，活力四射，热情可爱。她的自拍照常常得到数万人点赞和评论。

看过老奶奶的一张照片，她穿一件色彩缤纷的T恤，在一群年轻帅气的男孩围绕下，比出剪刀手，露出孩子气的搞怪表情。她对这张照片的描述是："我爱男孩们！"

谁会觉得那张满是皱纹的脸不美？

谁会觉得八十四岁的老女人不能喜欢年轻男孩？

这个活到八十四岁也丝毫不曾老去的女人，让我想起法国女作家玛格丽特·杜拉斯对最亲密的女友说过的话："真奇怪，你考虑年龄，我从来不想它，年龄不重要。"

你的努力，
终将成就无可替代的自己
ni de nu li,
zhong jiang cheng jiu wu ke ti dai de zi ji

090

我想，八十四岁仍然爱美，仍然追逐年轻男孩的人，说着"年龄并不重要"的人，其实都是不在乎结局的人。

在她们眼里，人生是过程，是每一个当下，是此时，此地。

八十四岁的老女人谈一场恋爱，难道还担心会迎来分手的结局？爱一天，就是赚一天。七十多岁的杜拉斯写一篇小说，难道还担心能不能卖出去，能不能换来评论家的好评？多写一个字，都是对这场精彩人生的最好交代。

很多时候我们以为，做一份工作，实现一个梦想，爱一个人，过一场人生，这一切必须指向某个阳光灿烂的结局，否则就是失败，否则就不值得。

其实，不是的。

泰国电影《初恋那件小事》中，女主角小水一开始只是一个没有任何长处的平凡女生，唯一拥有的是青春，但青春也只是作为陪衬，衬托出她的平凡罢了。

青春期的孩子，谁都有憧憬和向往。男生向往最可爱、最美好的女生，女生也憧憬最优秀、最帅气的男生。正是在这样的憧憬和向往里，他们第一次以他人为镜，照见自己。

从那个名叫阿亮的优秀帅气的学长身上，小水第一次看到自己那一无是处的平凡，并为此深深自卑。

像所有情窦初开的少女一样，为了接近帅气的学长，她做了很多傻事：为了经过他的教室故意绕远路；在角落里偷看他的一举一动；甚至睡觉的时候，会幻想枕头是他的胳膊……

为了能配得上优秀的学长，她开始很努力地改变自己。她加入舞蹈社学跳舞，参演小话剧，还去学习军乐指挥……一切都是为了靠近阿亮一点，哪怕只是一点点。

到了初三，小水终于褪去了最初的平凡，变成了学校里最可爱、最受欢迎的女孩。毕业时，她有了足够的自信和勇气向学长表白。谁知学长在一个星期前已经和另一位学姐在一起了。

电影的结尾，小水成为一流的服装设计师从美国回来，与学长重逢。错过了九年，王子和公主终于幸福地生活在一起，像所有童话的结局。

我看了，却觉得这是一个多余的结局。

灰姑娘失去了她的王子和爱情，但她已经蜕变成长。故事到这里就可以完结。因为，无论最终她是否得到王子的青睐，都已是人群中最耀眼的公主。

这已是最好的结局。

有位朋友，从中学时代开始就一直喜欢日本的某位偶像男星。为了在第一时间得知他的动向，她争取到在上海工作的机会，加入了大本营设在上海的粉丝团；为了听懂他说话，她自学日语，通过了日语能力二级考试；那位男星很少来中国，她就努力寻找出国的机会；甚至因为这份迷恋，她最终嫁了一个日本男人。

父母曾说她不务正业，朋友也骂她脑残粉，她甚至曾为了去听他的一场演唱会丢掉工作。直至现在，她仍然是该男星粉丝团的一员，仍然迷恋着这位远在异国的明星，尽管她从来没有和他说过话，近距离接触的次数也屈指可数。有时我问她为什么会迷恋一个触不可及的人，到底想求得什么样的结果？

你的努力，
　　终将成就无可替代的自己
ni de nu li,
zhong jiang cheng jiu wu ke ti dai de zi ji

092

她笑言，不求结果。

要什么结果呢？如今的她，和中学时代那个羞涩内向的女孩已不可同日而语，因为经常参加粉丝团的活动，她交际广泛，锻炼出一流的组织能力和策划能力；因为日语好，她跳槽到一家日企，职业生涯渐入佳境；如今，家庭也美满幸福——这不就是最好的结果吗？

并非所有的努力都必须求得一个完美的结局。

哪怕仅仅使自己有所成长，也不失为最好的结局。

前段时间，身边的人都念叨着一句网络流行语："累觉不爱。"失恋了，对爱情累觉不爱；工作太忙，压力太大，对工作累觉不爱；一个人苦拼，看不到未来，看不到希望，对梦想累觉不爱……所有横亘在人生路上的障碍，都会变成"不爱"的理由。

但你听杜拉斯说："爱之于我，不是肌肤之亲，不是一蔬一饭。它是一种不死的欲望，是疲惫生活中的英雄梦想。"

世人都以为她说的是爱情，但我觉得，她谈论的是人生。

工作中接触过一个女孩，漂亮，身材高挑，外表简直无可挑剔，初见面时我就在心里惊叹，哇，好像模特。

一问，果然是模特。

"很久以前的事了。"她提及过往，语气云淡风轻。

几年前，她还是大学生，在一次模特比赛中得了亚军，签了经纪公司，从此开始了舞台上聚光灯下的光鲜生活。

　　"真是光鲜。有时穿着厂商赞助的昂贵晚礼服去参加酒会，端着高脚杯，被众人簇拥着，会生出一种自己高贵如公主的错觉。"

　　没错，是错觉。离开酒会，把衣服脱下来送回去，仍然是平凡的自己。在这样华美的日子里，她沉迷了半年，直到有一次去赴一个饭局，席上一位富商要求她陪酒，言语里诸多不敬，她才猛然醒悟过来，或许光鲜的外表是很多女孩子梦寐以求的，但这绝对不是她曾经梦想的未来。

　　辞掉模特的工作，她有一段时间无所事事，不过很快又找到可以做的事。她陪经商的父亲参加某个行业盛会时，结识了父亲一位朋友的儿子，由此开始了人生第一段恋爱，以及第一次创业。

　　两个人拿出各自的全部积蓄，开了一家服装店，从电商入手，一步步建立起自己的品牌。曾经做过模特的漂亮女孩亲自跑工厂、跑渠道，甚至考察原产地，有时一头扎进工厂里，好几天不眠不休，浑身脏兮兮的，蓬头垢面也顾不上了。

　　辛苦没有换来回报。服装电商胎死腹中，赔进去的，是两个人全部的热情和金钱，以及爱情。

　　男友垂头丧气地离开，找了一份朝九晚五的工作。她却没有气馁。第二次创业的点子，是她很早以前去巴黎旅行时想到的，却苦于缺乏启动资金。为了这一次的创业，各大投资机构，她几乎全都拜访过了，可是没有人愿意投资，甚至没有人愿意听她说话。朋友介绍了投资人给她，她便连夜订机票飞往当地谈合作。

　　她本来就瘦，那段时间，更是瘦得厉害。朋友都开她玩笑

你的努力，
    终将成就无可替代的自己
ni de nu li,
zhong jiang cheng jiu wu ke ti dai de zi ji

094

说："明明可以靠脸吃饭，非要靠努力。"

她仍是那种云淡风轻的语气："容貌会老去，努力却不会。"

如今，她仍然和很多投资人在谈，仍然没有拿到第一笔投资。但是，我想，成功于她，只是迟早的事；也知道，即使这次创业仍然以失败告终，她也不会停止努力，停下脚步。因为她有"不死的欲望"，有她的"英雄梦想"。

一个从来不曾停下脚步的姑娘，没有理由不成长，没有理由不从失去里收获更多。

有时我们奋不顾身去追逐，去努力，固然是为了得到一个童话般的结局，得到成功和幸福，但谁也不能保证每一次追逐都能指向圆满的结局。

现实往往是：追逐不一定就能得到，努力不一定就能有收获，甚至你拥有的一切，都可能随时失去。

人生的失去、失败，多少带点儿不由分说的意味，让你早有预感，又猝不及防。

你只能接受，独自吞下苦果。

但每个人也都是在这条路上一点点成长，一点点蜕变，变得光彩耀目的。

别害怕，迈出脚步。

要知道：所有的结局都是最好的结局。

丑小鸭，其实你很好

十八岁的时候，我最羡慕的人就是我的堂姐。

每个女孩在成长的过程中总有一个无法打败的敌人，她像一面永远沾不上灰尘的镜子，无时无刻不在提醒你的卑微你的不足。

堂姐就是我的那面镜子，她越是光鲜亮丽，越是衬得我灰扑扑地几乎低进尘埃里的卑微。

她生得好看，大伯和大伯母最好看的眉眼全部遗传给了她，大大的眼睛一笑起来好像装得下世界。连作为女生的我都曾经无数次地在那双眼睛的注视下紧张得失语。堂姐的嘴抿起来是好看的心形，连妈妈也经常感叹，的确是没有争议的美丽。

有了这样的对比，本就普通的我在反衬下显得更加不值一提。人的视线只有一个范围，自然而然就看向最美好的一个。

偏偏大伯家的家庭条件也是整个家族里最好的，当我还缠着妈妈要玩具的时候，堂姐已经在大伯母的带领下去各个省市领略风土人情了。

人们往往以为相貌靠天生，殊不知真正的女神是靠时间和精力养出来的。

堂姐几乎成了我整个青春期的阴影。

隐隐约约难以启齿的嫉妒也成了青春期长久困扰我的情绪。

堂姐品学兼优，稳稳当当地考上最好的大学。青春期长开

你的努力，
终将成就无可替代的自己
ni de nu li,
zhong jiang cheng jiu wu ke ti dai de zi ji

096

的她出落得更加漂亮，一双笔直修长的双腿藏在做工精良的短裙下，气质卓然，不轻不重的笑容更是恰如其分，连日月都失了魂。

而当时的我正在矫正牙齿，根本不敢裂开嘴笑，生怕露出一整排的小钢牙，黑框眼镜架在鼻子上看起来又傻又呆，因为妈妈每天的爱心鸡汤，腿看起来硬生生地更粗了好几圈。

如果是堂姐以前只是我心生向往的美梦，那后来，却几乎变成了我逃也逃不开的噩梦。

我开始有意地去模仿她。

我太渴望那些光芒了，我羡慕那些好看的男孩子直直投向堂姐的目光，羡慕逢年过节亲戚对堂姐不绝于耳的夸奖，羡慕堂姐不费吹灰之力就能取得的好成绩，羡慕她拥有的一切。

可是不是每一只丑小鸭都能变成白天鹅。

我开始为了减肥绝食，却因为胃溃疡住进医院小半个月，本来不够拔尖的学业落下一大截。我强行取下牙套，却被妈妈发现差点挨揍，我学着穿高跟鞋，歪歪扭扭不但走不出好看的女人味，还扭了好几次脚。

我终于看清楚，丑小鸭就是丑小鸭。童话书都是骗小孩的。

释然后的我眼里好像突然看不见一直困扰着我的堂姐了。

我砸碎了这一面虚假的镜子，终于决定堂堂正正地面对自己。我要做我自己，不以任何人为参照物。

在堂姐去国外留学期间，我考上了一所不算太差的大学，我没有蓄曾经最羡慕的大波浪卷发，还是一头清清爽爽的短发，却突然开始有眉目俊朗的男孩子同我说，你真好看。

　　我还是没学会像堂姐那样弹那种三角钢琴，比起轻音乐，我更喜欢激烈的架子鼓，有人找到我请我参加演出，穿上好看的演出服，我突然认不出自己。

　　那是一个好看的姑娘，她在对我笑。

　　我开心地和她拥抱，真好，现在的自己。

　　我失笑，突然想告诉曾经在自卑中恨不得把头埋进尘埃里的自己：

　　丑小鸭，也可以发出自己的声音，她说你很好，你听见了吗？

尝试所有疯狂的事情

　　小林来自重庆，性格爽朗，各种笑话信手拈来，反应极快，聚会时她能将朋友们直接呛得哑口无言。她很少提起自己的过去，如果有人问起，她就会说一句：你猜！

　　没有人能猜到，于是打个哈哈就过去了。

　　有一天，我正给以前的采访资料归类，材料以时政类为主，电脑上满屏的"×××大会精神总结""第×届活动流程"。小林凑在一边看，冒出一句："我以前经常写这种材料，无聊透顶！"

　　我很好奇，小林实在不像是能写这种八股文材料的性格——要是她坐办公室，一定是那种突然爆笑以致吓死隔壁大姐，平时和领导说话直接上手拍肩的人。

你的努力，
　　终将成就无可替代的自己
ni de nu li,
zhong jiang cheng jiu wu ke ti dai de zi ji

098

可事实是，小林不仅曾经是个公务员，还是部门里的小骨干，平时接待外宾、翻译外事材料对她来说十分平常。

小林考试运颇佳，高考考进重点院校的外语系，毕业后顺利考上公务员。任公务员期间，她大部分时间都在写材料，隔三岔五总结一下最新精神。

这样的生活持续了一段时间，尽管忙碌，小林却觉得整个人都空了。

小林觉得无聊，办公室的白色办公桌无聊，领导发言无聊，无聊每天吞噬着她的骨头。小林在工作第三年开始写日记，有时不知道写什么，整张纸用笔深深地割出四个字：浪费生命。

那时候，她每天下班和同事一起坐班车，其他人凑在一起讨论家庭孩子办公室八卦，小林一个人坐在窗边玩手机。刷网页时，无意间看到一篇关于国外打工的攻略。

她久久望着结尾那句话：现在就上路吧。

小林辞职没有费多大事，虽然父母犹豫，但是小林的坚持最终让他们放了手。

出国以后，小林被公务员生活压抑许久的热情全都爆发出来，她尝试所有疯狂的事情：一路搭陌生人的便车，去跳几十米高的瀑布，没钱了直接敲门请求好心人收留她一晚……

生活一下子变得尽兴，每天都迸发出刺激的火花。她一路找不同的工作，在餐馆蹲着洗盘子，去果园背三十几斤重的筐子摘苹果，去给西班牙人做英语导游，甚至还在蹦极的地方帮游客拍落下去瞬间的惊恐照。

在以前出去游玩拍的照片里，小林总是站得直直的，抿嘴矜持地微笑着，在现在的照片里则常常是凌空跳跃和咧嘴大笑。最初几个月，每次联系都会反复追问"辞职后悔吗"的严肃父亲，后来也渐渐开起她的玩笑："看你脏的，和猴子一样，还嫁得出去不？"

准备回国的前一天，小林在微博上写下这样一段话：如果没有经历过，不知道自己原来有这么大的能量，现在的我真棒！

下面有个网友的留言，言辞间有些质疑：那你还不是得回国？现在还能找到像以前那么好的工作吗？

小林并没有回复他，因为类似的话早已听过无数遍。

在路上，我们渐渐明白一个道理，当你看过世界以后，你的能量将会被无限放大，吃过苦，摔过跤，体会过无人可以依靠的生活后，你就会看到自己的成长。

生命到最后总能成诗

中学时代的班长，是个短发女生，皮肤白皙，笑容甜美，喜欢她的男生几乎能挤满半个篮球场。有一次和她一起回家，正好遇到了班上一个男生的妈妈，因为是家长委员会的代表，我们都认识。她是个气质优雅的大美人，又是个医生，穿白大褂的样子真的像天使一样。班长看着她的背影，一脸崇拜表情。她说："长大后我想成为这样的女人，事业成功，家庭幸福，智慧，优雅，美丽。"

你的努力，
　　终将成就无可替代的自己
ni de nu li,
zhong jiang cheng jiu wu ke ti dai de zi ji

100

　　那时的我认为，至少要独自环游世界，或者成为某个行业的伟大开拓者，才算梦想。她说的梦想，未免也太小了。

　　后来长大了些，才知道她的梦想，多少女人穷尽一生也无法抵达。

　　现在的她，当上了医生，虽然还只是实习医生，也算前途无限。她仍然保留着少女时期的甜美长相，走到哪里，都是追求者不断，却因为工作太忙，一直保持单身。她离那个事业成功、家庭幸福的梦想或许还很遥远，但的确是在一步步向着理想中的自己靠近。

　　从小就知道要走的路，不浮夸，不空想，尽一切努力抵达，这个聪明的小女孩，终有一天会成长为智慧的女人吧。

　　但是，也有那种不断走在尝试的路上，最后才知道自己想要什么的人。

　　朋友认识的一个女孩，高考时填志愿完全不知道自己要念什么专业，迷迷糊糊地在班主任和父母的建议下，填了经济系。大学上到第三年，在她还没搞清楚专业内容的时候，家里生意破了产，欠了许多债，她只好退学，在爸爸朋友开的酒店里工作。从普通的服务生做到领班，意外地发现自己挺适合做这份工作。但做到领班，就算做到了头。

　　正在苦闷时，爸爸的朋友问她要不要去学酒店管理，他可以负担学费，就当为酒店培养人才。她当然愿意去学。学了几年酒店管理，她重新回酒店上班，这次不再是当领班，而是成为管理层的一员。很快，她得到了出国的机会，去欧洲的一些著名酒店交流学习，在这期间，她接触到很多西餐相关的知识，结识了不少有名的厨师，由此开始对西餐文化产生兴趣。

回国后，她开始着手进行市场考察，募资开西餐厅。起初，因为资金有限，所以店面很小，但由于她在厨师的聘请上花了重金，西餐的品质和味道非常好，吸引了不少高端客人。生意越来越好之后，她没有扩张店面，而是选择在其他地方开了另一家西餐厅。

在这个过程中，她又对红酒产生了兴趣，专程跑到法国学习与红酒相关的知识，参观葡萄种植园。回国后，她又开始着手募资开酒庄。

到今天，她已经拥有两家西餐厅，一家酒庄，而且又开始专门去学调酒，以后想要开一家由她亲自调酒的私人酒吧。

朋友问她，你到底想要什么，想做什么？她笑说，不知道，可能我想要的就是这种不断发现新鲜事物，不断发现自己还可以做更多事情的感觉吧，因为这种感觉实在太棒了。

所有的梦想都值得珍视，生命沿途的所有风景都值得深爱。

五月天在《后青春期的诗》里唱："谁说不能让我此生唯一自传，如同诗一般。"无论是从小笃定自信，笔直地靠近目标，还是跳跃着、徘徊着、犹豫着、辗转着奔向目标，只要全情投入，那么哪一种都是人生，哪一种人生都可以成诗。

唯一的自传。独一无二的诗。

我的一位远房表姐，从小一直以成为一个好妻子和好母亲为目标。在我们这些自我意识和独立意识强得不得了的女人看来，有这种想法的她简直是被男权意识同化和奴役的典型。所

你的努力，
终将成就无可替代的自己
ni de nu li,
zhong jiang cheng jiu wu ke ti dai de zi ji

102

以我们都嘲笑她，苦口婆心地告诉她：这个目标有问题。

她却不解地问："有什么问题？我是真的想要成为一个好妻子，成就某个好男人，然后养育出几个很棒的孩子。成就别人，我会很有成就感，这样不行吗？"

结果证明，我们都小看了她的目标。

她并没有因为这个目标而变得安逸懒惰，也没有忙着四处留意好男人。相反，无论是学业还是工作，她一直努力保持优秀。她不仅以全校第一的成绩考上名校，而且在上大学期间几乎所有课程都是A，还以全额奖学金留学美国，拿到哥伦比亚大学学位之后，又继续攻读MSFE（金融工程硕士），最后留在那边签了一家投资银行。

开始工作的那年，她回国办一些手续。见到她时，她穿着简单的白T恤，黑色紧身长裤，搭配风衣，潇洒帅气，欧美范儿十足，和周围那些打扮花哨的女孩子对比鲜明。我们调侃她，你这副样子，分明是个干练的女强人，和好妻子、好母亲的目标相差十万八千里啊。

她仍然不解地问：干练的女强人和好妻子、好母亲不能并存吗？

当然可以并存。我脑中浮现出安吉丽娜·朱莉养育着一群孩子，仍然事业、慈善两不误，气场强大，不失分毫美丽的样子。

后来，她果然在美国结婚生子。丈夫是一位美裔华人，曾经是她攻读金融工程硕士时的助教。和她结婚后，在她的劝说下，他辞掉助教工作去华尔街打拼，成为一位收入颇丰的高级经理人。之后，夫妻俩打算共同创业，开一家自己的投资公司。

在社交账号上，她经常发自己和家人的照片，有一张她带着三个孩子逛街的照片，简直可以媲美明星街拍。

好妻子和好母亲的梦想，她真的实现了，而且实现得这样完美。

我们起初都以为她是想嫁一个多金的好男人，从此做一个男人背后的女人，安逸地相夫教子。但其实她是先让自己站到顶端，然后再找到一个好男人，成就他，彼此携手抵达更好的未来。

如果没有哥伦比亚大学硕士学位以及攻读MSFE的背景，她怎么可能成就她的丈夫，怎么可能和他并肩创业？而当她已足够优秀，她当然有资格仅仅满足于做一个好妻子、好母亲。

做好妻子、好母亲，需要一个更好的自己作为前提。

"知乎"上有人问，如果你要给自己写一句墓志铭，你会写什么？

有一个票数很高的回答是：来过，活过，爱过。

这是古龙形容楚留香一生的六个字，简简单单，足够诠释每个人的一生。

但也有人这么回答：如果没什么事，我就先挂了。

幽默的回答，同样引来点赞者无数。

我更喜欢后一个答案。

人生并没有一个标准答案，一千个人，有一千种墓志铭，我们活着，或许只是为了去寻找一个属于自己的答案。

你的努力，
　终将成就无可替代的自己
ni de nu li,
zhong jiang cheng jiu wu ke ti dai de zi ji

104

温暖一路跟随，你只管走向远方

2014年3月14日下午，因在《血凝》中扮演山口百惠的父亲而被我们熟知的日本影视演员宇津井健去世，享年八十二岁。

也正是在那一天，他与晚年交往已久的名古屋高级俱乐部老板娘加濑文惠一起提交了结婚申请。当一切手续都办理妥当，两人正式成为合法夫妻时，宇津井健便拥有了第二次婚姻，消除了此生所有的遗憾，带着安详的笑容离开了世间。

加濑文惠终以家人的身份主持了宇津井健的葬礼，她在告别仪式上深情说道："（3月14日）对我来说是最棒的白色情人节，因为我有一个这么棒的家人。"

对于此，娱乐圈又掀起一波浪潮。不仅宇津井健的影视作品全部被翻出来，就连他与第一任妻子那至真至纯的爱情也重新浮出水面。

宇津井健在自己的演艺生涯中，以扮演好父亲的角色而出名。在生活中，容貌端正慈祥的他亦是一名好丈夫与好父亲。二十三岁时，他在作家尾崎士郎夫妻的介绍下，开始与友里惠交往，七年之后两人携手走进婚姻殿堂，承诺与彼此携手至老。

在娱乐圈中，他鲜有绯闻，每当记者将话筒递到他面前，以求些吸人眼球的新闻时，他总是笑着说道："没有她，就没有今天的我。"

没有人会怀疑，他们的爱情会天长地久直至永恒。

只是，当一个人的生命静止时，这天长地久也就成了一纸过时的契约。

友里惠的身体并不好，后来又身患癌症。几经治疗之后，终究撒手人寰。

宇津井健陪着她度过了人生最后的时光，并将内心最深刻的感情给予了妻子。在她去世之后，宇津井健为了表达对妻子的惦念与感激，亲自制作了陶艺骨灰盒来送走妻子。

想必，任谁听闻他们的故事后，都觉得这是爱情之中最美丽的一种。甚至，人们还为之编写了余生的生活剧本：怀着对妻子无尽的思念，独孤终老。

只是，影迷们的意志并不能成为当事人的思想。生命也似乎不该就此沉寂。

路还那么长，你怎么忍心停滞原地，不在远方为幸福寻得一席之地？

这个世界，总有太多无形的东西，束缚着我们，规定我们在何时成为何种人。如若我们只是遵循内心真实情感走上自己想要走上的那一条小径，而稍稍违背了众人的意愿，定会招来人们不满。

可是，忠于自我，追求幸福，才是一生之中永远不能停止的使命啊。

与友里惠共同生活的那段岁月，已是宇津井健记忆中最美的时光。她不在了，他又何必禁锢了自己的自由。将她放在心

你的努力，
终将成就无可替代的自己
ni de nu li,
zhong jiang cheng jiu wu ke ti dai de zi ji

106

底，然后迈开脚步走向下一个驿站，才不会辜负生命的馈赠。如若已然香消玉殒的友里惠在天有感，想必也会支持他与加濑文惠的交往。

当宇津井健与加濑文惠交往的消息传出之后，人们议论纷纷。

有人对其表示祝福，有人则对其发出疑问，为何爱情不能专一一点、纯粹一点？

一个垂暮之年的老人，仍旧勇敢地追求爱情，依然对所爱之人做出承诺，这难道不是一件值得鼓励的美好之事吗？

我们都希望爱情可以永恒，只是在无法走到生命尽头时，爱情也该在日落之前，再一次张帆远行，再一次启程和出发。

唯有在路途之中，才可能一次次点燃幸福的信念，才可能一次次回应爱情慷慨的邀请。

记得鲁豫在采访周迅时，问道："不爱会怎样？"

"会死。"周迅的回答，干脆利落，丝毫不拖泥带水。

每次恋爱时，她都全情投入，高调谈起彼时彼刻陪在他身边的男子，甘愿在每一段爱情之中沉沦，成长。

当她披上婚纱，对高圣远说出"我愿意"时，她的爱情终于尘埃落定。人们在给予祝福的同时，也将她的情史如数家珍般翻出来。

二十一年的时间里，她共有八任恋人，几乎每一任皆是与她在工作中合作过的男子。前一次亮相时还一脸笑容沉浸在爱情中，隔一段时间再出现时，便暴瘦着宣布，那不过是一场劫难。

　　可她并没有因这满身的伤痕，便停滞不前。当听到爱情再一次的召唤时，她又光彩照人地投入到恋人的怀抱中。

　　"什么是爱情？我不知道，但我知道它的魅力所在，它是我的致命伤，但是我愿意为它受伤。"这是周迅在2005年接受采访时所说的话。如今再看来，只觉这个女子身上有着无穷的能量，这能量指引着她穿越茫茫黑夜，直至瞥见爱情曙光。

　　相比之下，我们身边有多少人在二十多岁的年纪，便一次次质疑自己是否还会遇到爱情，是否会变成"剩女"。更有人在谈过一次失败的恋爱之后，从此不再相信爱情，打算随便找个人嫁了。

　　最终，在等待与抱怨之中，我们只得到了等待与抱怨。正如铁凝在《岁月里你别一直等》中写道："那些美好的愿望，如果只是珍重地供奉在期盼的桌台上，那么它只能在岁月里积满尘土，当我们在此刻感觉到含在口中的酸楚，就应该珍重身上衣、眼前人的幸福。"

　　一切美好与温暖如影随行，静静注视着你。
　　只要你敢于走向远方，它就会永远追随。

接受不完美，不要和自己过不去

你的努力，
终将成就无可替代的自己
ni de nu li,
zhong jiang cheng jiu wu ke ti dai de zi ji

110

一步步接近更好的未来

你的来信

亲爱的旧友：

你还好吗？

看到这句话，我知道你可能又要皱眉撇嘴了。

你从来都讨厌寒暄客套，有时和熟人在路上遇到，熟人寒暄几句，问你去哪儿，吃饭没，最近好不好，你都会像傻瓜一样站在路边，认认真真思考你打算去哪儿，是刚吃过早饭还是午饭，最近到底活得好不好。

其实你也知道，别人只是随口一问罢了。

你一直是一个认真过头的女孩子，思考的时候永远眉头紧拧，好像人生是一个解不开的难题。这样的你，把握不好寒暄客套的度，也不知道如何恰当地应对，所以你对此讨厌极了。你问我，人们为什么要浪费时间来说这些客套话？

后来你听人说，芬兰人私人空间大得出奇，他们从来不寒暄，当他们问别人最近好不好时，那是在期待真诚而有分量的回答。

你开心地把这些事说给我听，感叹说芬兰真是个理想的国度，以后要去那里终老一生。我很不识相地给你泼冷水：芬兰的冬天，早上刚起床，天就快黑了，在那里待久了很容易抑郁，而且那里剪头发贵得要命，你这么爱美，天天都要去美发店做保养的人，很快就会破产的。

　　你当然知道我是故意损你，所以并不介意。在我们相识的日子里，我们一直都是这样的损友关系。

　　所以，我怎么会和你客套寒暄呢？然而现在那句"你还好吗"，真的是我在和你分别这么多年后，最想问的一句话。

　　那个时候我们多年轻啊，脸上的痘痘一颗一颗地往外冒，看着隔壁班班花吹弹可破的皮肤，觉得自己像只丑小鸭，总是低着头走路。

　　但如今回想起来，我竟然觉得那些痘痘也是美好的，就像我们刚刚绽开的青春。

　　未来那么远，那么长，仿佛永远都不会到来，也永远都不会结束。

　　唯有青春，灼灼盛放。

　　我们一起上学放学，一起读书自习泡图书馆，一起跑步，一起逛街，偷偷买化妆品学化妆，互相毒舌点评对方喜欢的男生，陪对方去看偶像的演唱会，甚至还曾经一起离家出走，在大街上夜游好几个小时，之后因为实在太害怕，各自灰溜溜地回家。

　　我记得那时我生病请假，从不爱记笔记的你，居然认认真真做了好几天的笔记，将笔记本递给我时，还故意装出一副不耐烦的表情；我被老师叫到走廊上说教那次，你在老师身后冲我做鬼脸，逗我开心，后来被老师发现，两个人一起挨了骂；我喜欢的男生交了女朋友时，你陪着我一起骂他，说他没眼光，诅咒他们早点分手，甚至趁着给楼下花坛浇水的机会，故意手一滑，浇了他俩一身。

　　现在，还有谁会陪我做那些事，还有谁会为我做那么多事呢？

你的努力，
终将成就无可替代的自己
ni de nu li,
zhong jiang cheng jiu wu ke ti dai de zi ji

112

我们都长成了忙碌、自私、焦躁的大人。

知道两个人考上同一所大学的时候，我们多开心啊，炎热的天气里，开心地跑去买最喜欢的冰激凌，各自举着，像喝酒一样碰杯。

都以为能够一直一直在一起，直到当上彼此孩子的干妈，直到有一天老了，还能手挽手一起去逛街。

谁知道只是因为专业不一样，各自的交际圈不一样，就那么轻易地疏远了。在食堂里偶遇时，我连你什么时候爱上吃番茄鸡蛋都不知道，我记得你以前完全不吃番茄。

当然不能怪你，因为我的大学四年真是忙得不可开交，忙学生会、出校报、打工、修双学位、实习、找工作，还抽时间谈了场恋爱，唯独没有时间和你联系，哪怕只是在校内网上留个言。

回过头来，才知道我们已经像郭敬明说的："那些以前说着永不分离的人，早已经散落在天涯了。"

现在，我在大城市安了家，在一家不错的跨国企业工作，买了车，房子刚刚付了首付，和男朋友开始谈婚论嫁，未来看起来充满希望。但我总是忍不住回望过去，回望和你一起度过的青春，所有的细节都在回忆里越来越清晰。我不知道自己错失了什么，但我知道，我很想念你。

直到最近，我才得知你的大学四年过得相当不顺，父亲生病，学业荒废了半年，为了就近照顾父母，找工作很艰难，就连恋爱都不顺。你过得那么灰暗，我却不在你身边，连一点关心你的念头都没有，有时想起来要联系你，又觉得你大概已经交了新的朋友，有了新的爱好和圈子。明明是自己害怕面对你无话可说，却给自己找一个高明的借口，说服自己不要去打扰你。

此时的我，仍然不敢直接去找你，只敢给你从前的邮箱发了这样一封信。

心里盼着你还在用这个邮箱，却也盼着你永远不会看到。

很狡猾，对吧？

这么多年过去了，我也只能说一句：对不起。

只能问一句：你还好吗？

我的回信

亲爱的朋友：

我很好。

真的很好。

你知道我不喜欢寒暄，不喜欢说客气话，也不会在别人问"你好吗"的时候，不走脑子随口答一句："我很好，谢谢。你呢？"

所以，我真的是在认真思考过后，才回答你：我真的很好。

是啊，这么多年过去了，一切都已改变。

科学家说，人身上的细胞七年会全部更新一遍。我们是不是可以理解为，每过七年，我们都会新生一遍？

你看，我现在已经新生了。

父亲的病早就好了，他现在健康得很。我荒废的学业在大四之前补上了，顺顺利利地毕了业。刚毕业，我靠熟人关系在家乡找到一份薪资还不错只是和专业无关的工作，做得很不开心，看不到未来。不过，现在我已经来到另一座城市，找到一个适合自己的职业，发展得还不错，买了房子，把父母也接了

你的努力，
终将成就无可替代的自己
ni de nu li,
zhong jiang cheng jiu wu ke ti dai de zi ji

114

过来。就连当初不顺的恋爱，如今也重生了，变得更好的我，已经遇到了更好的人。

大学四年，的确是我人生里最灰暗的时期。那时，你就在离我不远的地方，我却是孤身一人，艰难跋涉。所以，你为此自责，悔恨。

但实际上，你根本不用自责，因为当时我的身边还有其他人在，我新交的朋友，宿舍的姐妹，甚至系里比我大不了几岁的年轻辅导员，都对我很好，他们帮助我，鼓励我，为我加油打气，陪伴我，温暖我，和我一起度过那段难过的日子。

我说我是孤身一人，艰难跋涉，是因为，即使再多的人在我身边，我也只能独自面对人生。你，我，我们所有人，都是这样的。你有你的泥沼，我有我的泥沼。我们都在生活的泥沼里仰望蓝天，一步步接近更好的未来，不是吗？

所以，你何必自责呢？

不如我也用一句郭敬明的话回答你吧："假如有一天我们不在一起了，也要像在一起一样。"

你的信里，提到我对你的好。但你知道吗？其实你对我更好。

那时我生病，爸妈都去上班了，只剩我一个人在家，你翘了课，专门来陪我，给我熬粥，为我做冰袋降温；我和男生打架被教导主任抓住时，你作为学生会干部，却为我挺身而出，说打架的人也有你，你愿意和我一起挨罚，最终逼得教导主任不了了之；我喜欢的男生拒绝我的表白时，你也陪我一起骂他没眼光，诅咒他以后都交不到女朋友，一直是乖学生的你竟然利用学生会干部的职务之便，说服老师，把他的名字从演讲比赛的名单上删掉了。

后来你说那是你做过的最龌龊的事，不愿再提起，我却一直都记得，因为你那是为了我啊。

你看，我们一直都记得彼此的好。

这样多好。

我们曾经共有过最美好的青春，此后的疏远，不过是缘分、命运使然。

每一种青春最后都会苍老，只是我希望记忆里的你一直都好。

这是我一直喜欢的一句话。

送给你，也送给我自己。

从来没有糟糕的生活

我的一位女友，是那种长得漂亮，为人又谦和的女孩，很讨人喜欢，从大学到职场，向来追求者众多。其中两位追求者最长情：A君家境好，事业有成，待人温柔，成熟稳重；B君英俊潇洒，才华横溢，性格有些孩子气，却最懂浪漫。

女友最终选择了A君。

周围的朋友都喜欢B君，不免为他抱不平，背着她议论纷纷：还以为她和那些拜金女不一样，看吧，果然还是金钱力量最大，高富帅高富帅，重点是富，帅不帅有什么关系。

女友偶尔听到了这些议论，也只是笑笑，并不生气。

一次去星巴克闲坐，终于忍不住问她，真的是因为A君更有钱，才选了他？

你的努力，
终将成就无可替代的自己
ni de nu li,
zhong jiang cheng jiu wu ke ti dai de zi ji

116

女友慢条斯理抿了口杯中的卡布奇诺，答非所问地说了一句："前阵子，他们俩工作上都有些不顺。"

A君是自己开的公司现金流出了点问题，B君则是与顶头上司不和，工作上诸多摩擦。"工作不顺是常有的事，谁都会遇到，但两个人面对问题的态度，还有对待我的态度，简直有天壤之别。"女友说。

那段时间，A君忙得脚不沾地，焦头烂额，与她的联系也变得少了，但他仍然不忘隔天在微信上问候一句，并很坦然地告诉她，公司出了点状况，最近太忙，没有时间见面。女友安慰他几句，他就笑说："嗯，别担心，我肯定能渡过难关。"

B君因为工作不顺心，找她的次数反而变多了。有时在微信里向她抱怨顶头上司性格恶劣，不懂用人，偶尔见面也总哀叹自己怀才不遇。女友劝说几句，他就耍脾气："你说得轻巧，我有什么办法，这个社会太不公平了啊，机遇全都给了那些会钻营的人……"

听到这里，真相大白。大家都以为她拜金，其实她拜的是生活。

"你知道吗？那天他和我见面的时候，不仅头发没有打理，衬衣里面的T恤也穿反了。"女人真是心细如发。但这些细节已足够说明问题。

人生还长，谁能料到前路上风雨几番？她不愿和一个遇到风雨就满腹牢骚，遇到挫败就把生活过得一团糟的人携手走过一生，也是理所当然。

从前总以为，我们需要满身金银，才可以把生活打理得美好有趣；以为需要流浪到世界的尽头，才能证明自己活得自由。

后来才知道，真正的美好和自由是什么呢？应该是哪怕在人生的最低谷，脸上仍有笑容，心底仍有希望；哪怕活在尘埃里，也可以坚韧地开出花来。

活得美好和自由的前提是，自己决定自己的生活和心情。

网上有一组很火的照片，博主贴出了一墙之隔下她的两位女同学的不同生活：

"墙左边的姑娘每天的生活是看泡沫剧，看累了就叫外卖，手头上偶尔有点闲钱就去逛街买衣服，她抱怨考试很难过，身材不好没人追，去社交场合没话说。她苦笑指着对面，不像她，那么好命。可她不知道，墙右边的那个'好命'姑娘，已经在她看泡沫剧的时候自学了法语、英语、西班牙语三门外语，'好命'姑娘在社交场合能侃侃而谈，是因为看过的书比她吃的快餐盒摞起来都要高，还攒钱每隔一段时间就去旅行。左边的姑娘跟我抱怨，生活无聊又无趣，'好命'姑娘却告诉我，夏天的时候托斯卡纳的大波斯菊很美。"

很简单，现在过得如何，取决于你过去做了什么；而现在所做的一切，会一点一滴堆砌出未来的模样。

一切都是自己的选择，自由的选择。

常去的咖啡馆藏在鼓楼附近一条外国人扎堆的胡同里。待的时间长了，和在那里兼职的女孩成了朋友，人不多的时候我们就一起喝杯咖啡，聊些闲话。

她告诉我，她是大学生，家境不好，不想增加父母的负担，所以自己出来打工挣学费和生活费。又告诉我咖啡馆的老板夫妇很好，准许她按照自己的时间自由排班，给的薪水也比

你的努力，
    终将成就无可替代的自己
ni de nu li,
zhong jiang cheng jiu wu ke ti dai de zi ji

118

别家高。晚上她还会去附近的餐吧兼职，外国客人多，可以顺便练一练英语口语，她最近在考托福，打算出国留学。

我知道和她同龄的人都在无忧无虑地逛街、看电影，和男朋友约会，可是这个开朗的女孩，说起自己的事时总是一脸甜甜的笑容，让人不自觉地就忘了她的辛苦，只想开开心心为她说声加油。

有一次去，她不在，我点了店主推荐的手工甜点和滴漏咖啡，坐在那里和老板娘闲聊。聊到兼职的女孩，老板娘笑说："是个相当不错的孩子呢。她刚来那会儿，咖啡馆生意不好，她那时兼职费也不高，却很费心思地帮我们想了不少增加人气的办法。你看，现在店里的推荐菜单，还有每周的小众电影放映会，都很受欢迎吧，其实这都是她出的主意。"

老板娘笑得温柔，我想起女孩说起老板夫妇待她好时感激幸福的表情，觉得自己都变得温暖幸福起来。

她拿到美国名校全额奖学金的那个周末，我照例去咖啡馆。她请我喝我最喜欢的冰激凌拿铁，又送给我一包她亲手烤的巧克力曲奇。

"谢谢你。"她说。

我惊讶道："我什么也没做啊，全靠你自己努力。"

她却笑着摇头："其实不仅要谢谢你，对这几年间遇到的所有人，我都心怀感激。"

如今，咖啡馆的墙上贴着她从美国寄回来的照片和信。

照片里的她清瘦了不少，也变得更漂亮了，站在加州明媚的阳光下笑得满脸灿烂。

信上，一字一句，全是感谢：感谢老板和老板娘，感谢这家咖啡馆，感谢她结交的朋友，感谢四年间咖啡馆里所有的客人。

这真是一个很棒的姑娘。

糟糕吗？辛苦吗？卑微吗？艰难吗？从她身上，我一点儿也没有看到。我只看到一个坚韧努力的姑娘改变命运的过程，就像在创造一个奇迹。

其实，又怎么会是奇迹呢，一点一滴的改变，都是她应得的回报。

从来没有糟糕的生活，只有不用心的人。

我们都可以做出选择：选择在拥有健康、美貌、才华、能力时，仍然把生活过得乱七八糟，然后抱怨命运没有给出更好的选择，也可以选择在人生一无所有的时刻，打理好自己，过得像一个真正的心灵贵族。

出身、家境不可选择，的确如此，但生活真的是一件可以选择的事。

你永远可以选择努力、乐观、快乐、温暖，或者相反。

人生是慢慢做回自己的过程

认识两位做设计的朋友，一男一女。男设计师是典型的双子男，思维跳跃，他的设计作品满分，用他的话来说，叫有

你的努力，
终将成就无可替代的自己
ni de nu li,
zhong jiang cheng jiu wu ke ti dai de zi ji

120

"feel（感觉）"。可是，面对客户的意见或刁难，他也总是最先"炸毛"的那一个。

"他们懂什么呀？"

"凭什么说我的设计不好？"

"那些人根本不知道什么才是优秀的设计！"

……

诸如此类的抱怨在他那里从没断过。

所以他的上司从来不让他和客户直接洽谈，怕他得罪客户。

女设计师和他正相反，她不仅不讨厌客户提意见，还很喜欢主动和客户沟通交流，一遍遍地改设计，从无怨言。

我问她："别的设计师都很看重自己的作品，会有骄傲、坚持，你怎么不这样？"

她一脸坦然地说："因为我想要的东西和他们不同。"

后来，她升职了，成为设计总监。

此时我才明白她想要的是什么。

而那位总对客户炸毛的男设计师，仍然留在原来的职位上，但他设计的作品得了大奖，指名要他做设计的客户越来越多，报酬也跟着水涨船高。

女设计总监说她还有更大的目标：成为公司高层，在更大的天地里施展拳脚。而那位不肯妥协的男设计师也计划着将来自己独立出去，开一间设计工作室，他说，到时候只接自己想干的活儿，做最出色的设计作品，绝对不给一群什么也不懂还喜欢指手画脚的人提供服务。

看着他们二人，你会发现无从去比较谁更成功，也没有办法预料谁的前途更辉煌。

你会发现世俗的比较是无意义的。

因为，你看到他们个性鲜明，目标明确，一心一意做自己想做、适合自己做的事，无论结果如何，你都会忍不住为他们叫好。

去年参加高中同学会，发现从前那些"优等生"都走上了相似的人生轨迹：在很好的大学念书，在更好的大学读研究生，或者出国留学，毕业后找一份收入不错的工作，成为大城市里体面的白领或金领。

这样当然很好，但相似的故事听多了，不免觉得乏味。而过去那些学习不好的"坏学生"，各自的经历五花八门，反而显得有趣得多。

有的人念一所三流大学，在大学期间开店创业，毕业时已积累了人生第一桶金，然后就全心全意投身商界；

有的人连大学都没上，没找到好工作，起初只是想赚点零花钱，在朋友圈做代购，慢慢积累了口碑，如今开了一家外贸店；

有的人打网游打得炉火纯青，成了职业玩家；

还有的热衷旅游，打算当导游，结果偶然的机会加入了一个旅游评测软件的创业团队，负责内容运营，做得风生水起。

每个人都活出不一样的风景，这样多好。

看一看四周，人们都走着差不多的路，读书，工作，努力从一枚职场新人逐渐变成独当一面、游刃有余的职场精英。

但是，我们都会逐渐走上不同的路。有人奔着赚钱的路狂奔，梦想着有一天叱咤风云，改变世界，有人只想在一方小小

你的努力，
终将成就无可替代的自己
ni de nu li,
zhong jiang cheng jiu wu ke ti dai de zi ji

122

天地里做到极致；有人为工作砍掉多余的生活，有人放弃体面虚荣，沉下心来经营自己；有人在生意场上如鱼得水，靠一张嘴就可翻云覆雨，有人则愿意坚守自我，在静默里完成自己的人生作品……

那么多种方式，每一种都有它不可替代的精彩。

关键是，你要有勇气选择一条路，然后迈步走下去。

朋友的姐姐，模特身材，从小就有人说她适合当模特，她却完全不感兴趣，只喜欢打篮球，每天大大咧咧地穿着篮球短裤在男生堆里玩得满身臭汗。

读高中时，朋友和姐姐出去逛街，恰好遇见在杂志社工作的叔叔正组织模特拍外景。原本预定的模特没来，叔叔看到侄女，眼前一亮，立刻将她拉过来，让化妆师为她打扮。

姐姐急了，拼命推脱："绝对不行，不可能，我从来没有做过模特。"

叔叔劝道："你就站在专业模特身边微笑就可以了，大家都知道你是业余的。"

"没关系，交给我们吧，一定把你打扮得漂漂亮亮，和模特比起来也不逊色。"化妆师是个女生，笑得甜甜的，手上动作利落得很。

朋友说，姐姐几乎是闭着眼睛任由人摆布。换好衣服做好造型化好妆，姐姐惊呆了。镜子里那个长发微卷，甜美可爱的女孩子是自己吗？

后来姐姐买回那一期杂志，左看右看，觉得很神奇，怎么看都觉得照片里的人和现实中的自己不是同一个人。

朋友见姐姐抱着杂志着了迷，问她："姐，你是不是觉得当模特很不错？"

她不说好，也不说不好，只是仍旧抱着杂志入迷地看。

那阵子，家人甚至开始认真地商量起要不要支持她做模特的事，但又觉得她只是被一时的虚荣心所迷惑，也担心她的性格和气质不适合当模特。

终于等到她开口，出乎所有人意料，她问父母能不能同意她不上大学，她想读造型和化妆的专业学校，以后当一名化妆师。

朋友说，面对姐姐严肃的表情，父母不得不点头。

现在，姐姐已经成为好几位名人的专属化妆师。跟着名人去摄影棚时，身材高挑的她经常被人问是不是模特，她总是微笑着回答："我是化妆师。"

模特这份职业当然比化妆师看起来更光鲜，但假若空有模特的壳，没有模特的灵魂，她又何必勉强自己成为另一个人？

高更说过："怎样去活，其实是没有答案的。"

没有答案，是因为我们都只能一直走在寻找答案的路上。

人生为何要成为一场比较，比谁赚得更多，谁职位更高，谁得到的名利更大？又为何一定要向着一个辉煌的终点进发？

人生最好是一个过程，一个寻找答案，慢慢做回自己的过程。

一位同事，生性散漫，讨厌朝九晚五的生活，辞职的想法在脑子里转了很多次，终于还是不敢。

我有一次去她住的地方，吃惊不小。她的房间里几乎整面墙都贴着乐队的海报，书架上则塞满CD，有些甚至是很珍贵的

你的努力，
  终将成就无可替代的自己
ni de nu li,
zhong jiang cheng jiu wu ke ti dai de zi ji

124

版本。她不好意思地告诉我，她是音乐发烧友，读大学时参加过音乐选秀节目，可惜预选赛就被刷下来了，一直以来的梦想是抱一把吉他走天涯，走到哪儿唱到哪儿。

"很理想化吧？"她苦笑，"我自己也知道。"

事实是，她担心自己以唱歌为职业，会活不下去，失败的话，会让最爱的父母失望。但朝九晚五的上班族生活，她又真的很讨厌，害怕自己这样下去，会对现实妥协，葬送自己的梦想。

听起来是个相当两难的选择，这让我想起以前听过的一个故事：

一个非常喜欢音乐的男孩，从小开始学钢琴，梦想是开一场自己的独奏音乐会。然而，他是家中独子，父亲经营的公司，他是唯一的继承人，念大学时，他遵从父亲的意愿读了商科。

父亲去世时，将公司托付给他。他很想将公司交给别人管理，自己去学钢琴，但他又不放心将父亲一生心血交给别人，何况，他并不缺乏经营的才能。一番挣扎之后，他终于痛下决心，接手了公司的管理。

事实证明，他的确很有经营才能，公司在他手里发展得很好，生意扩大了好几倍。十几年后，他开了一家音乐剧院，特意邀请世界各地顶尖的乐团和音乐家来演出。

剧院的首场演出，他担纲钢琴独奏，和世界顶尖的交响乐团合作了一曲拉赫曼尼诺夫，由他最崇拜的大师指挥。在顶尖的乐团面前，他的演奏也毫不逊色。

当然不会逊色。要知道，这么多年来，无论多忙，他都没有放弃练习。

演奏完毕，他在雷鸣般的掌声中哭了。他终于实现了梦想，绕了这么大的弯，等待了这么久，到底还是实现了。

我很想告诉那位同事：如果把理想中的你和现实中的你看成"非此即彼"的存在，那么，他们之间一定会演变出一场两败俱伤的角斗。

而心怀理想，将人生沉入现实最深处，你会找到一千条可以走的路。

在人生的长河中，我们都要花很长的时间，走很远的路，才能最终成为自己。

停不下来小姐

停不下来小姐原来是有自己的名字的，不过这两年，逐渐被"××总""××姐"代替，当然，还有公关学着淘宝客服的叫法：亲。就连平时闺密小聚，大家知道她是一个工作狂，都会顺着开玩笑也叫她"××总"。

不过，停不下来小姐是很少有时间参加所谓的闺密小聚的。

以前，她往往一坐下就开始呱啦呱啦地打电话，或者在大家聊八卦聊得正嗨的时候，突然一拍脑袋：明天还有个方案要交！然后旁若无人地打开笔记本开始敲字。久而久之，闺密们都受不了她，索性就很少再叫她出来。

你的努力，
　　终将成就无可替代的自己
ni de nu li,
zhong jiang cheng jiu wu ke ti dai de zi ji

126

　　停不下来小姐有多忙呢？其实她并不是什么"总"，也没有老得可以当所有人的"姐"，只不过处在一个"女汉子行业"。

　　刚开始，她只是厌恶矫情、做作和依赖，总是宣扬自己能独当一面地打"前锋"，麻利地完成任务。

　　因为不确定哪时要跑突发，停不下来小姐每天都穿着宽松的棉麻衣服。不穿运动鞋、帆布鞋，那种卷起裤腿穿common project样式运动鞋的时髦她也没赶过。基本都是圆头芭蕾鞋，不磨脚，站着不疼，美其名曰：方便工作。

　　出去采访时，就一手把电脑塞进公司统一发的黑黑大大的电脑包里，或者把所有的东西统统都倒进一个双肩包里，背上就能跑，参加个发布会也不用多个人来"看着点"自己的物品，拿着相机就能冲到前排拍照，要名片。

　　需要马上发稿的时候，她随便找个垃圾桶就能把笔记本电脑架上面开始赶稿。

　　有一次，刚好是圣诞节，男友要考研，停不下来小姐正陪着男友在书店的雅致书桌边看着书，一切显得那么悠闲。然而领导一个电话打过来让她写稿，书店内没有网络，她收起刚刚舒展开来的书卷气，抱着电脑就冲出书店。

　　附近没有咖啡厅，她撸起袖子就"故技重施"将笔记本往路边的垃圾桶上一放，开机输密码打开文档埋头苦写起来。中途有隔壁餐饮店的小妹过来倒垃圾，嫌弃地看了她一眼："麻烦让一让。"她才恋恋不舍地抱着电脑挪开一米地。

　　更多的时候，一着急，就经常直接在路边蹲下，膝盖上摊开一本笔记本，右手拿笔，左手夹着手机，一边打采访电话一边记要点。每次她都能收获许多"异样目光"。

这有什么？这一行不就这样吗？停不下来小姐总是对那些目光嗤之以鼻：这就是现代女性的干练、通达，你们不懂！

停不下来小姐也加班，而且几乎每天都加班。不用出外勤的时候，她在办公室总是戴着大大的框架眼镜。还没到下午，鼻子往往已经油得眼镜架不住滑下来，额头也隐约反光。她随手把头发往后一挽，哪怕下班了男友过来接她去吃饭，也忘了先把后面凌乱的一把头发抚平。

化妆？现代女性当然不能素颜出门！停不下来小姐每天都会上粉底、描眉毛、画腮红、涂大红的唇膏——不是每个部位都修饰，总之就是哪个部位"颜色"重就化哪个部分。

停不下来小姐经常被人说像小高圆圆，黑眉大眼，五官立体，稍微重些的妆容也不会多滑稽，只不过……她皮肤不好，T区出油两颊又干，半天不到脸上就开始浮粉，睡眠差的第二天粉简直会沿着细小的褶塌下去，老气和疲惫一下子全显出来了。

若是参加个高端点的宴会，或者跟某个大人物约了专访，她也会精心打扮下，尖头高跟鞋也是必须的，细细的跟踩着，仿佛就有了无限优雅和自信。只不过一天下来，小腿绷得酸胀无比，脚趾头也被磨了好几处血口子。

直到在一个会场上偶遇了一个同行。

那个同行的姑娘和她年纪相仿，也不是第一次见，那天轻轻地朝她笑了笑的时候，她注意到了那个姑娘似乎有着和自己

你的努力，
终将成就无可替代的自己
ni de nu li,
zhong jiang cheng jiu wu ke ti dai de zi ji

128

完全不同的状态：飘带蝴蝶结真丝衬衫，袖子没有刻意挽起，松松地放着，铅笔灰的九分西裤翻边，脚上是钻扣尖头平底鞋，拿着微单，一脸轻松。

自己呢？停不下来小姐有些羞赧地低头看看，为了跑会而特意穿上的马丁靴，肉色丝袜也显得有些老土，脖子上挂着沉重的单反，因为笔记本电脑太重而压得衣服在肩部皱起来。

她知道那个姑娘跟自己跑的线一样，只不过供职于不同的公司，出品的新闻、文案，包括发布会上拍的照片，都比自己的要值得夸赞。

这不是第一次见面。她记得在上一次参加某公司的酒会时，她特意穿了双小桃红的高跟鞋和黑色的小礼服，却在频繁的应酬和客套之后恨不得把那双八厘米的高跟鞋甩掉。而在那场酒会中，那个姑娘穿了条有质感的白色连衣裙，脚上还是那双平底的华伦天奴。

在更多的场合，停不下来小姐也见过那个姑娘总是不慌不忙，但总能站在最好的位置拍最正的照片，出稿也又快又好。

停不下来小姐想起一句话：当你凶狠地对待这个世界时，这个世界突然变得温文尔雅了。还有她在买那些高跟鞋的时候，都是受这么一句话驱使：每个女人都需要一双恨天高，昂首挺胸地踩碎懦弱，迈过坎坷。

于是她一直都是用力过度，也没觉得有什么问题。别人评论她，也都是说，又美又性感，但是，总好像缺了什么。

缺了什么呢？这个世界真的需要这么凶狠地对待才会温柔吗？好像也不一定。谁不想要一种轻松的生活状态呢？但是它是什么样的呢？

停不下来小姐把那些容易变形的棉麻衣服收起来，换上白色的或酒红色的真丝衬衫，平时搭个几何图案的小Ａ裙，正式场合换条立体剪裁的包臀裙或者西裤，或者小Ｖ领的真丝连衣裙。她不再穿高跟鞋、乐福鞋、坡跟鞋，取而代之的是精致缎面尖头平底鞋，如果出席活动，就穿稍微带点细跟的，也不超过五厘米，又好穿又好看。

做了这些后她发现，她并没有受累于这些更精致的打扮，她第一次发现，平底鞋也可以穿得很优雅，不穿高跟鞋也没有丢掉傲气。而且她发现，新闻晚个两三分钟，找个路边餐馆坐下写也行，不必真的捧着笔记本电脑在大马路边"献技"，就算是最紧急的消息，也一定有后方编辑在等着，她用手机先发回去也可以。

另外，当她开始带实习生出现在会场，从容地进行采访和拍照时，仿佛也不是非得单枪匹马像个女战士一样，而且多了一个人分担行囊和任务，她可以灵活地在人群中穿梭，去找自己想要的角度。

以前她总是想，会不会有一个平行世界，云朵慢悠悠地走，小白兔在大草坪上自在地跳来跳去，老鼠一点儿也不怕猫咪，女人也不需要穿高跟鞋，而现在她终于与自己的平行宇宙重合了。

她想起自己特别爱看的《摩登家庭》，单身的时候经常看得感动并怀疑是否有这样的家庭。她急急忙忙地四处寻找这样

你的努力，
终将成就无可替代的自己
ni de nu li,
zhong jiang cheng jiu wu ke ti dai de zi ji

130

的人，找到了又急急忙忙把那些"不像"的棱角磨圆磨平，却忽略了对方是个有温度、有自我的人。

后来她发现，那只不过是内心不自信、不服输的表现，怕自己做不好，索性让对方来适应自己。她以为自己是对的。正如她以前以为，只有快步走向世界，才有底气说话。

"璐璐，明天一起逛街去？我看上一条小黑裙，你一定要帮我看看！"

听到久违的名字，停不下来小姐，哦，不，秦晚璐小姐一口应下，然后从桌子底下拿出一个鞋盒，将脚上的平底鞋换成矮方跟，到洗手间补了下口红，准备下班。

对了，秦晚璐小姐现在几乎不化妆，她把化妆品的预算全用在了护肤上，出门涂个"肌肤之钥"的隔离，也不会卡粉了。简单化个眼线、刷个睫毛、涂个唇膏，要是逛街或者出席活动的话就用口红。加上每晚坚持敷张面膜才去睡，她的眼袋和黑眼圈大大减轻，皮肤也通透了很多，她立志要做到真正素颜出门，当然，是三十岁之前。

而当她开始在爱中更保留自我，不再试图去改变和抓住对方的时候，反而得到更多的在意、挽留和"我爱你"。

一天清晨，早睡的她被小区叽叽喳喳的鸟鸣叫醒，空气中有下过雨后湿润的泥土味道，窗外是满眼的绿色和清凉的空气。因为太长时间的焦虑和急躁，她已经有很长一段时间睡不好觉，那个早晨醒得如此舒服，感觉实在太好，她想一直记得。

后来的每一天，她几乎都是这样自然醒。

慢下来那么好，早该知道了。

某一天早晨她正这样想着，同时感受到了爱人从后面环抱过来的温度："璐璐，今天请个假吧？"

"为什么？"

"带上户口本，嫁给我。"

所有的努力都会开花

你的努力，
终将成就无可替代的自己
ni de nu li,
zhong jiang cheng jiu wu ke ti dai de zi ji

134

你的努力，时间都会兑现

一位网络画手，年纪轻轻就出版了一部畅销漫画书，靠版税养活了全家人。在此之前，她因为家境不好无法去专业院校学习美术，只能靠自学和接一些画漫画的兼职来磨炼画技。最初，她连画板都是借钱买的。

像所有怀抱梦想的傻孩子一样，她撞过无数墙，被无数人否定。父母要求她收起画画的心思，好好学习，考上大学，找一份稳定的工作；老师说她画得太烂，根本不可能当漫画家；身边的人嘲笑她，劝她别做白日梦。

但她到底还是坚持下来，用结果让所有质疑她的人闭上了嘴。

有人问她，是否怨恨那些曾经阻碍、否定她梦想的人？

她说，当初的确恨得不行，一心想着等自己功成名就了，就要把最好最畅销的作品狠狠甩到他们脸上，骄傲地说一句："当初是谁说我成不了漫画家？"痛痛快快地出一口恶气。可是，等到我真的成为漫画作者，拥有自己的粉丝，可以尽情画画的时候，心里却已经没有了怨恨，反而觉得应该感谢他们，因为如果当时没有他们的嘲讽和否定，我就不会不惜一切地努力坚持，更不会这么快实现梦想。

去美术馆看摄影展，遇到一个女孩。我们在一幅1900年的摄影作品前站定，都看得入神。

回过神来之后，我们相视一笑，聊起这幅作品的好，惊讶地发现我们的观点如此相似。

我问她："一个人？"

她回我："你也是？"

独自去看展览的人不多，尤其是女孩，我们一见如故，惺惺相惜，一起去美术馆楼下的咖啡厅小坐。

坐下来后，聊起各自对摄影的喜爱。

我告诉她，我之所以喜欢摄影，是因为前任男友是个摄影师。

而她告诉我，她是个刚入门的摄影师，之所以喜欢摄影，也是受前任男友的影响。不过她的前任男友不是摄影师，而是一个骨灰级的资深业余玩家。

所谓骨灰级玩家，通常是指那种花几十万买设备眼睛都不眨，出门必定是"长枪大炮"在手，镜头带好几个也不嫌重的人。

"这么说，你的前任是个有钱人？"

她点头道："是个富二代，有钱但是人品不好。"

他宁愿花好几万买个镜头，也不愿意给当时过得很拮据的她补贴一下生活；他会把发高烧的她扔在一旁，和俱乐部的朋友高高兴兴开车去山里拍云海、拍日落；当她指责他和别的女孩过分亲近时，他一脸满不在乎，嫌她管东管西。

她哪里在乎他的钱呢，也并不指望他的宠爱，只不过是喜欢他有才华，喜欢看他全身心投入做一件事的认真和疯狂。但认真和疯狂并不能滋养爱情。

分手的时候，他们大吵一架。她说她累了，分手吧。他却

你的努力，
    终将成就无可替代的自己
ni de nu li,
zhong jiang cheng jiu wu ke ti dai de zi ji

136

恼羞成怒，说了很多难听的话。其中一句，她一直记到现在：没用的女人。

她那时的确没用，读一所三流大学，毕业了找不到好工作，薪水低，日子拮据，也没钱买化妆品和衣服打扮自己，他从不肯带她出去，是怕她丢他的脸。

分手没几天，她在街上遇见他。他挽着一个打扮入时、妆容精致的女孩走进西餐厅，压根不曾注意经过他们身边的她。

眼泪吧嗒吧嗒掉了一地，她赌咒发誓，一定要让他另眼相看。

幸好她长得还算漂亮，在动用了所有的人脉关系，拿出拼命的气势之后，终于找到一份摄影模特的工作，从服装模特到商业广告模特，再到登上杂志内页、户外大屏，从一开始的生涩到后来的娴熟，其中辛苦一言难尽。

终于在一次晚宴上遇见他。他的父亲是广告赞助商，她是那支广告的女主角。她穿着一套昂贵的香奈儿晚礼服，端着高脚杯，优雅地向他的父亲伸出手。他站在一旁目瞪口呆。

"痛快极了。"她说。

但从那以后，她忽然觉得无趣了。原本模特就不是她喜欢的工作，比起在人前光芒四射，她其实更喜欢幕后的工作。

于是她想到当摄影师。

"刚开始，我想着要成为专业摄影师，在他那个业余爱好者面前再扬眉吐气一回。"她笑道，"但现在，我是真的喜欢上了摄影，发现这个世界很大，想拍的东西也越来越多，没必要和他争那口气。"

我点头，称赞道："姑娘，好样的。"

某演艺公司高层，是业界知名的金牌策划人，她策划的好几个电视节目在国内都很火。很难想象十年前她是靠着叔叔的关系才得以进入这个行业的，而且几乎是一张白纸，什么也不懂，连明星都不认识几个。

刚开始，叔叔安排了一位经验丰富的前辈带着她四处跑，增长见识，积累经验。

她从小被父母宠着长大，人情世故一点都不通。前辈倒是愿意带她，但她自己懵懵懂懂的，前辈说什么就做什么，一点主动学习的观念都没有，更别提举一反三，提出自己的想法和创意了。

就这样，前辈带了她好几个月，她却没有什么进步。

某次，她参与策划一场地方节日晚会，邀请的压轴明星是正走红的一位年轻女歌手，当时前辈正负责另一个重要项目，抽不出时间顾及这边，她只好自己去见女歌手和经纪人，商量晚会出场的相关事项。

她找到女歌手的经纪人，详细说明了公司活动策划和相关安排，经纪人提出了一些意见，她仔细记下了，说要回去和前辈商量一下再给回复。正要离开，恰好女歌手推门进来找经纪人，她连忙打招呼，介绍自己。女歌手刚刚走红，心高气傲，看都不看她一眼，只顾着和经纪人说话。当听经纪人提到演出的具体安排还没确定时，女歌手明显不高兴了，说："这么点要求都做不到？那还请我干吗？"

"并不是做不到，只是我做不了主，需要回去汇报给负责人……"没等她解释完，女歌手露出一脸嫌弃的表情，不满道："居然让这种小角色来和我商量，真是浪费时间，下次别

你的努力，
终将成就无可替代的自己
ni de nu li,
zhong jiang cheng jiu wu ke ti dai de zi ji

138

让我再看见你，直接叫你们负责人来，否则我拒绝出场！"

她被赶了出来，狼狈地站在经纪公司的大楼下，气得眼泪直往下掉。

从小到大，谁不宠着她、让着她，她何曾受过这种气？

不过是一个刚刚走红的歌手，有什么了不起？

她后来说，当时她在脑子里构思了一百种报复女歌手的方式，包括动用叔叔的关系，借用演艺圈人脉，甚至断绝后路的办法都想到了。

当然，最后她什么也没做。

此后，她像是变成另外一个人，工作能力突飞猛进。她像不要命一般努力工作，抓住一切机会锻炼自己，很快就脱离了前辈的指导，开始独当一面。等到她独立策划的网络节目被电视台买走，经黄金时段播出后一炮而红，已是八年之后。她成了金牌策划人，在业界声誉日盛，不少嘉宾在她的节目中走红，越来越多的小明星开始和她拉关系，希望拿到入场券，其中也包括当年那个看不起她的女歌手。

女歌手走红几年后，因为没有很受认可的新作品，只是靠着早年的几首经典歌曲勉力支撑，在娱乐圈里一直不温不火，此时当然希望借助这档节目挽回一点人气。

大家都以为她会拒绝，然后狠狠奚落女歌手一通，没想到她居然同意了，并且邀请了与女歌手同时走红的一批明星，以"逝去的青春·经典回忆"为主题做了一期节目。

节目大获成功，唤起无数人的怀旧情绪，赚足了唏嘘和眼泪，女歌手也借此机会重新活跃在公众的视野里，身价倍增。

周围的人表示不解："当年她那么对待你，你不报复也就算了，居然还帮她？"

她云淡风轻地笑着说："这不是帮她，而是帮我自己，在演艺圈，互相倾轧不如互助共赢，捧红了她，对我也有好处。再说，当年我的业务能力的确糟糕，她那么对待我，也不算错。"

"没想到你这么大度。"旁人啧啧称奇。

她摇摇头说："其实不是大度，我只是站在今日的位置上，看的视野更远更广罢了。"几年前，她曾经念念不忘女歌手的羞辱，发誓将来有一天一定要成功，要让她来低声下气求自己给一个机会。但等她有了今日的成就，再回过头去看，当年的羞辱不过一件小事，已经不值一提了。

每个人的一生，或许都会遇见这样的人，他们不喜欢你，不认可你，嘲笑你，否定你，打击你，甚至想方设法阻碍你，仿佛是上天派来折磨你的恶魔，他们让你痛苦流泪，伤痕累累，让你开始怀疑自己的坚持，让你必须多花费千百倍的努力才能抵达目标。

于是你怨尤、痛恨，发誓总有一天要狠狠报复他们。

而当你在经历成长的辛酸之后，你终会意识到，上天派来的那些恶魔，其实也是你梦想路上的助力者，尽管他们所采用的方式太过粗暴，力量却是惊人的。

其实，最有力也最让人释怀的报复，不是针锋相对，以牙还牙，以血还血，而是让自己站到他们不可企及、只能仰望的位置，让他们的伤害在你越来越精彩纷呈的人生里变得不值一提。

你的强大，才是对那些伤害你的人、对生命里所有难堪际遇最有力的还击。

你的努力，
　　终将成就无可替代的自己
ni de nu li,
zhong jiang cheng jiu wu ke ti dai de zi ji

140

人后努力，人前吐气

每次回家，都会跟发小见面。

她和我年纪相仿，早早结婚生子，如今她的儿子追着我叫阿姨，让我深刻感觉自己与她已身处两个完全不同的世界。

但两个人夜里挽着手去逛街，逛累了心有灵犀地进茶楼，贵宾茶座丝绒帘幕一拉，一杯香薰花草茶入口，百无禁忌地聊起来，便知道她仍是当年那个爱漂亮、善良温柔、心思单纯得教人心软的女孩。

她说："我喜欢你的自由。"

我开玩笑："自由也有代价，你看，我挣得比你多，花得也比你多，未成家未立业，人生仍是一盘散沙。"

她不同意："可是你一个人生活，不受拘束，靠自己挣钱，做自己想做的事，爱自己想爱的人，这已是最大的幸福。"

年纪轻轻结婚生子，要处理复杂的人情，要忍受琐碎的家常，要面对漫长而茫然的未来，这些我都能想象。

她受了委屈，只能一个人哭，这我也知道。

有时，看到她发状态倾诉烦恼，除了安慰，我别无他法。

再好的朋友，也不能分担彼此的人生。

所以，她也并不知道我独自在外忍耐了什么，熬过了什么，才有今日这般看起来毫不费力、自在幸福的模样。

不知道我要有多努力，才能换来她一句发自内心的"喜欢""羡慕"。

人生大抵如此。

能放在台面上来说的，永远是外表的光鲜。

光鲜之下的辛苦努力，只能独自饮下，沉默品尝。

全球最著名的性感内衣品牌之一维多利亚的秘密刚刚在英国伦敦结束了它名扬世界的时尚内衣秀，数位被称为"维密天使"的超模，穿上为她们量身定做的华美内衣，在T型台的闪光灯下走秀，赚足了全球女人艳羡的目光。

完美的面庞和身材，舞台上无可企及的耀眼光彩，名利双收的职业，谁人不艳羡？

没有多少人会去细想，为了以无可挑剔的满分状态站上世界级的舞台，维密天使们付出了怎样的努力——

隔绝美食，严格控制卡路里摄入，按照规定好的食之无味的食谱进餐，每日必须完成庞大的运动量和训练量。每一分每一秒，都必须努力维持身材，保养容貌，她们过的是片刻都不能松懈的日常生活——离普通人的日常足够遥远，所以才能置身于普通人触之不及的耀眼光芒之下。

这个世界当然不公平，你我都平凡如斯，没有她们那样天生的身高和美貌。

但这个世界也足够公平，即使是天生的超模，也必须付出代价，经受魔鬼般的自律训练，从地狱般的残酷竞争中脱颖而出，才够资格站上华丽舞台。

依然记得2010年范冰冰穿一身明黄中国龙纹礼服走上戛纳红毯的样子，气场十足的东方美女，艳惊四座，令人惊叹当年《还珠格格》中不起眼的小丫鬟竟已蜕变如斯。

你的努力，
终将成就无可替代的自己
ni de nu li,
zhong jiang cheng jiu wu ke ti dai de zi ji

142

可是，这个美得人神共羡的女人，看似风光无限，实则流言和诋毁从未断绝：有人说她的美貌是整容所致，成功是依靠潜规则；有人说她烂片无数，演技差得看不下去；有人说她架子大，胆子肥，居然敢直接动手打娱记。在很多人眼里，她是个不折不扣的花瓶……

而她只是以"范爷"的姿态傲然抛出一句："我受得住多大的诋毁，就经得起多大的赞美。"

明明是明艳动人的美女，却帅气到无以复加。

想要在舞台上闪耀光彩，就得在背地里付出常人难以忍受的努力。

想要在聚光灯下万众瞩目，就得忍受众人对你同等的挑剔。

想要装酷耍帅，让人艳羡你自由自在的生活，就得对那自由背后的孤独和辛苦保持沉默。

这世上，从来没有"唾手可得"这回事。

在他人看来唾手可得、值得羡慕的一切，你不知为它熬过多少夜，流过多少泪。但我们一定都宁愿对那些暗夜里的孤独和眼泪里的苦涩绝口不提，宁愿只让世人看到我们的骄傲，用掌声和赞美来满足虚荣，而不必让任何人来同情我们经受的苦。

因为，以最好最美的姿态站在所有人面前，云淡风轻，自信微笑，这是你我在暗夜里孤独前行，咬牙撑过所有痛苦的动力。

邻居家的姑娘，比我年纪小，自高中毕业就离家在外闯荡，至今都没回过家。

　　我们在同一座城市工作生活，离得最近的时候，只有三站地的距离，却从未见过面，只偶尔在彼此的社交账号上点赞留言。

　　我也邀请过她，周末要不要一起喝个咖啡，吃个饭。

　　她总是干脆利落地拒绝，不给理由。

　　其实，我知道理由。

　　姑娘从小就想进演艺圈，长得却不算美，也没有过人的才能。父母苦口婆心地劝过，打过，骂过。她却倔得很，一毕业就出去闯荡，发誓不成名不回家。

　　她岂止是不回家，连我这个邻居家的姐姐都不肯见。

　　她大概是怕见到我会想起父母，动摇她坚定的决心。

　　一开始，她当然是四处打工，攒够了打工费，在表演班报了名，上课、打工之余，到处去参加试镜，也尽量争取演路人甲的机会。

　　一年过去了，两年过去了，她的日子依然过得紧巴巴，梦想也依然遥不可及。

　　第三年，她终于给我发了信息，问我方不方便见面。

　　我恰好在外面，便和她约在车站见面。她匆匆跑过来，整个人瘦了很多，留一头利落的短发，虽然仍然不够美，看起来却比以前有味道。她说最近开始在剧场里打工了，也许有机会能演个舞台剧的配角。

　　搓着手支支吾吾半天，她终于切入正题。原来是想借钱。数额并不大，看来真的是窘迫得很了。

　　我没有多说什么，如数借给她。她千恩万谢地收下了。

　　"真的打算不成名不回家吗？"我问她。

你的努力，
终将成就无可替代的自己
ni de nu li,
zhong jiang cheng jiu wu ke ti dai de zi ji

144

她立刻绷起脸，郑重地点头。

"不辛苦吗？"

辛苦。她满脸写着这两个字，但一开口，说的是倔强天真得令人心疼的话："不辛苦。总有一天我要让他们在电视上看到我，总有一天我要带着经纪人，穿最美的衣服，开最好的车回家，让所有人都看着我尖叫，求我签名合影。"

看着她那张多少还有些稚嫩的年轻脸庞，我想起张爱玲年轻时候说过的话："成名要趁早呀，来得太晚的话，快乐也不那么痛快。"

她们一样的肆意而率真。

为了成名，为了让人另眼相看，努力的动机或许不纯，却足够真实。

谁规定梦想一定要正气凛然、心怀天下？衣锦还乡的荣耀，万人敬仰的虚荣心，给你带来的动力或许更大。人后努力，就是为了有朝一日在人前扬眉吐气，这有什么不好？

我们很努力，是为了让自己看起来不费力。

这样就好。

你想要成为什么样的人

亲爱的表妹，前几天你打电话给我，诉说你在工作上遇到的委屈，说着说着就哭了，哽咽着问我以后怎么办。原谅我当时并没有告诉你怎么办，只轻声细语安抚了几句。

　　是的，我能想象你在电话那头梨花带雨惹人怜爱的模样。你从小就长得好看，穿着公主裙，嘟着小嘴，粉嫩可爱，要是你哭了，就算做了天大的坏事，大家都会原谅你。你一定觉得奇怪，为什么小时候百试百灵的招数，现在一点用也没有。现在的你要是哭了，那个刻薄、脾气又坏的女上司会叫你出去哭，免得影响别人工作。

　　其实，你心里很清楚，外面的世界比不得家里，没有人会像你的家人一样，把你当成公主去宠爱，所以你在得到人生第一份工作时就做好了心理准备，打算把那些任性刁蛮的公主脾气收一收，像其他人一样，认真工作，和上司、同事好好相处。

　　谁能料到，你一踏入职场就遇到了那样的女上司。你告诉我，她也不过三十多岁，并不老，但总是穿一身土气的灰色职业装，就像你中学时那个严厉古板的老班主任，长相一般，又不苟言笑，让人望而生畏。你说一定是因为你太可爱，又喜欢打扮，她才看你不顺眼，处处针对你。所有琐碎繁重的工作都分派给你做，从来不表扬你，交上去的文件，哪怕有一个错别字，她都要训你几句，退回来重做。

　　有一次，你买了条"银时代"的新款手链，戴在你白皙的手腕上十分抢眼。同事都围过来说好看，偏偏只有她，经过时冷冷瞟一眼，说："就会在这种事上用心，难怪工作做不好。"你气得泪花在眼眶里打转，死死忍住才没有回嘴。

　　你在电话里向我哭诉，说你恨死她了，再这样下去，你肯定会忍不住跟她大吵一架。

你的努力，
    终将成就无可替代的自己
ni de nu li,
zhong jiang cheng jiu wu ke ti dai de zi ji

146

哭完之后，你很冷静地问我，如果真的因为跟上司吵架被炒鱿鱼，是不是会影响到找下一份工作，是不是自己主动辞职会比较好。

亲爱的表妹，看来你已经动了辞职的念头。

其实，我无法告诉你辞职的选择是好还是不好。我只想告诉你一句话：你所有的选择都是正确的，只要你能够承担结果，并且绝不后悔。

没错，如果你能够承担辞职的后果，并且不后悔，那你当然可以潇洒地辞职走人，临走时甚至还可以很酷地对那位尖酸刻薄的女上司比一个不雅的手势。

但我想提醒你，假如你认为辞职的后果不过是丢了一份工作，只需要付出一些微小的代价譬如花费一点儿时间和精力再找一份工作的话，那你就错了。你放弃了一份烦人的工作，摆脱了一个烦人的上司，但谁也不能保证你接下来将得到一份更好的工作，遇见一个更好的上司。

我知道你看过让·雷诺主演的电影《这个杀手不太冷》，还记得娜塔莉·波特曼演的小女孩在某一次被父母虐待后问杀手的问题吗？她问他："人生总是这么痛苦吗？还是只有童年如此？"杀手回答她："总是如此。"

这或许是个不太恰当的例子，但我想他说出了人生的某种本质。你不能指望逃离一种糟糕的境遇后，从此就过上幸福快乐的生活，那只是童话。现实的人生是，痛苦永远不会断绝，旧的痛苦走了，新的痛苦仍会到来，你无法改变境遇，能够改变的唯有自己。

你当然知道公主只能活在童话里，所以你说你收起了公主脾气，可是我看到的，只是你表面的顺从和忍耐，你的内心其实仍然希望自己像公主一样受人喜爱和追捧，不能忍受别人的忽视和责难。

职场需要你顺从和忍耐，你必须在一定程度上听从上司的指令，忍耐工作的枯燥琐碎，忍耐其他人，包括同事、上司、客户的缺点和脾气，这样工作才能顺利进行。但这不应该是被迫的。你的顺从和忍耐，应该是为了把工作做得更好，为了让自己更出色、更优秀，而不是为了做给别人看，让别人来迁就你、夸奖你。

也许你那位严肃古板的女上司正是因为看到了这一点，才对你印象不佳，因而处处为难你。上司也有情绪和好恶，责怪她因为不喜欢你而针对你是没有用的。

而且，如果换个角度来看，或许你就会发现，她其实并没有那么针对你。交给你更多工作，也许是在重用你，给你更多机会呢！对你严格、挑剔，也有可能是对你寄予厚望，希望你更完美。

即使这些都不是她的本意，你也可以把她所有的挑剔和刻薄都当作是对自己的考验和磨炼，借此迅速改进工作方法和态度，让自己变得更完美。

台湾创意天后李欣频曾在她的书里写道，要脱离糟糕的现状，最好的方法不是逃避，而是想办法让现状变好，好到你不想离开的地步，这样一来，不知不觉你就会发现，自己已经脱离现状，踏入了更好的未来。

你的努力，
　　终将成就无可替代的自己
ni de nu li,
　zhong jiang cheng jiu wu ke ti dai de zi ji

148

如果你不改变自己，只一味地逃避糟糕的境遇，结果很可能是让自己落入另一种糟糕境遇。

既然已经说到了这里，亲爱的表妹，不如听表姐再啰唆几句题外话。

不知道你有没有思考过这个问题：你将来想成为什么样的女人？当父母的小公主、男友的小宝贝，轻松工作，享受生活，遇到不顺心的事就撒手不干，还是独立自主，追求卓越，自己闯出一片天地来？

我并不是要评判哪种更好哪种更坏，要知道，女人可是相当复杂的生物，绝不仅仅只有一面。

我有一个朋友，是时下常见的"女汉子"，外表气质性格都和你正好相反。身为销售主管，她的工作作风相当强悍，在公司说一不二，和客户应酬时八面玲珑，喝起酒来以一挡三，男人都不是对手。就是这样一个女汉子，最大的爱好却是做料理。每次和她一起出去玩，她总要带些自己做的精致小点心分给大家，平日里我们也经常收到她做的泡菜或者寿司，而且她最喜欢的颜色居然是粉色，工作之外的衣服、包包，几乎都是粉色系，在男友面前，完全就是一个娇滴滴的小女人。

你是不是觉得这样的人很奇葩？或许等你再长大一些就会知道，女人都是多面能手。明明觉得化妆好麻烦，但一定会努力学习打扮；明明是个吃货，却仍然会费尽心思保持身材；不喜欢穿高跟鞋和裙子的女汉子，在必要的场合也会迅速变身为优雅妩媚的女人；就算是个工作狂，也一定会抽出时间来享受生活的一点小情趣；就算在日常生活中懒得不行，也一定会很努力地去学习新东西，尝试新鲜事物……

因为，她们不知道生活会在什么时候对自己提出苛刻的要求。有时，你必须成为可靠的人，让上司、同事、客户都信赖你；有时你需要有强健的身体、强大的心灵，应付生活中的各种难题；你要玩得来小清新，装得了女王范儿，得温柔体贴，知冷知热，在外表上费功夫，花时间丰富内心，让自己成为一个让人惊喜、值得交往的人。

你看，要成为不错的女人，一点都不简单呢。

和这样的女人相比，童话里的公主是不是显得很苍白？

亲爱的表妹，不要再将女上司的苛刻看作天大的烦恼，你已经到了需要认真思考以下这个问题的年纪：

不久的将来，你想要成为什么样的女人？

再努力一把，再坚持一秒

你有没有想过，为什么朋友圈晒包晒宝晒恩爱的那么多，却很少有人晒努力？因为那会让别人看穿自己还没完成的价值。

在这个越来越等级分明的社会，那只黑暗里无故伸过来的手，会让我们心惊肉跳。很多时候，我们害怕别人评价自己，却又渴望有人来点评一下。我们需要有人领着我们绕过泥路水坑，却不希望别人肆意指手画脚。

年轻的时候，我们往往无法正确评估自己，归根到底是因为对世界不了解。没有参照，看不到生活的深度，无法确知梦

你的努力，
终将成就无可替代的自己
ni de nu li,
zhong jiang cheng jiu wu ke ti dai de zi ji

150

想的方向，都使得我们总是笨拙地想要通过别人的评价、能挣到的钱、交到的男/女朋友来获知自己的价值。

当你做一份兼职每月挣一千块钱，你会觉得自己只有一千块钱的价值；当你可以挣到两千块钱的时候，你知道自己的价值提升了一倍。

当你在街头派传单的时候，你只有派传单的价值，当你给初中生辅导英语课的时候，你就有家庭教师的价值，当你发表论文，为某智库服务，你就拥有研究人员的价值……

那些未实现的、未兑现的，就成为了你继续努力，变得更加强大，有更多的价值去完成愿望的动力。这样循序渐进的过程，就是大部分人的人生该有的节奏。

你必须在人生的平地上建造属于自己的绝美建筑，而你的风格和水平，决定了这座城堡的脾性。

蔓蔓刚来到这所北方的大学时，自卑感几乎要把她湮没了。

先是普通话不标准，让蔓蔓每次在众人面前开口说话都感到尴尬万分。

她的家乡是座山水皆宜的南方旅游古镇，每年都有来自全国甚至世界各地的游客，不远万里前来寻找"桃花源"般的静谧美景。也正是因为太封闭，小学、初中、高中的老师普通话都带着浓重的地方口音。上了大学现代汉语课后，蔓蔓才知道，有些发音，如果小时候就没有受过标准化训练的话，长大后就很难纠正。

因为以前老师教的是"Chinglish（中国式英语）"，蔓蔓在第一次课堂互动环节一开口，班上就笑倒了一片。为此，她花了很多时间练习口语，在英语角大声读课文，主动找外国留学生聊天，但多数时候还是在课堂众目睽睽下紧张过度磕磕绊绊，连句完整的话都说不好。

上了大学，女生们似乎突然"开了窍"，开始格外重视自己的外表。蔓蔓矮，本来在南方大家都差不多的情况下，并没有感觉到自己有什么不同。可是在北方的学校，高个子女生比比皆是，在拥挤的电梯间等候的时候，根本看不到她人。男生更高，在路上有人跟她搭讪，或者跟班上的同学一起走一路的时候，她都需要仰起头才能跟人正常交流，有好几次，她都能感觉到路上旁人投来对他们身高差的异样眼光。

这个社会总是给女生更多的宽容，犯了错也可以撒撒娇，个子矮也会被说成是"最萌身高差"，但是在刚刚开始步入陌生人海，受到过的虽然不是恶意的笑声和调侃，都足以让一个年仅十八岁的少女开始怀疑和讨厌自己。蔓蔓说，无论怎么做，都好像个小丑，"生活糟糕透了"。

大一春季运动会之前，班长找到她："你来做开幕式上咱班队伍前面举牌的吧？"

蔓蔓一时难以置信："我？这么矮怎么可以？""穿双高跟鞋呗，谁让你是咱班班花呐！"

以前蔓蔓知道自己长得还可以，但也是从那时候才知道自己称得上"漂亮"。慢慢地，班上总有男生女生来夸她的眼睛好看，夸她五官精致像洋娃娃。

后来，她发现自己搭配和化妆的功力不错，室友每次约会

你的努力，
　　终将成就无可替代的自己
ni de nu li,
zhong jiang cheng jiu wu ke ti dai de zi ji

152

前，都爱找她搭一套，再梳个精致发髻，逛街买衣服也总要拉上她一起，连参加个小型晚会，都等着她去化妆。再后来，大家发现她很勤奋，成绩也不错，就常常借了她的笔记去复印，听不懂的课私底下也常找她问。

大三的时候，为了考教师资格证，大家都约好了去考普通话证。蔓蔓对自己的口音始终很自卑，想退缩，却被室友硬拉着报了名，然后天天监督她读课文，她也干脆先把面子丢一边，缠着宿舍里的那个北京大妞练儿化音。后来成绩出来，她考了一级乙等，甚至比北京室友的分数还要高。

也是从那个时候起，蔓蔓才开始接纳自己：很多事情真的不是做不到，而是你一开始就被小概率事件吓到了。虽然在英语口语这件事上，她还是很羡慕那些开口就是"伦敦音"的同学，但她现在起码可以在课堂上流利地说上十五分钟，也不再胆怯得在讲台后面双腿打抖。

人人都有自身独特的长处，当你无法接纳自己的时候，所有的长处都会被你的内心掩盖。也许每个人都要经历这样的过程：因为别人夸了自己一句，心尖儿就美上天，因为别人不经意的玩笑，就自己把自己打入牢笼。

也许我们都要在暗夜里走很长的路，小心越过那些暗道沉坑，才有可能慢慢自信到不靠别人评价依旧知道"我可以"。青春是面对现实一步步去完成的能力，而不是按着别人的标准来打造自己。

工作后，学习反而成了见缝插针的事情。

　　有的同事每天早来公司半个小时，只为了多背会单词；有的同事把加班都换成了调休，不旅游，不休假，攒起来上培训班。下班后，去健身房锻炼的，去琴房练钢琴的，去上德语班的，更是常见的事。大学反而成了这辈子最悠闲、最不求上进的时光，一心想着快点毕业去挣钱，工作了却舍得把钱大把大把地撒在各种各样的课程里，甚至不管上班多忙多累，都要挤出时间去学习。

　　有的人说，大学的时候马马虎虎地过也能毕业，但工作了拿了工资，就得给领导卖命，大家都这么"拼"，谁不努力就可能第一个被淘汰；有的人说，工作只是满足生存的需要，精神的需要得另外找"补"；有的人说，工作一天回来，如果不干点自己喜欢的事，总觉得这一天白过了。

　　其实原因都一样，因为在这个残酷的竞争社会里摸爬滚打，更加懂得自己真正想要的是什么，因此对生活的期待，也充满了更明确的目的性。

　　但该如何提升自我呢？学习专业知识，考一个职业资格证；阅读成功学以外有营养的书籍，腹有诗书气自华；学一门外语，精通一个国家的文化；听世界名校的网上公开课……这些都是大部分人通常选择的，都无可厚非，唯一的问题是，你不能将所有你想做的事，都列在你每天要做的计划表里。

　　我曾经给自己定下这样的计划：每天写一千字，看完一篇中篇小说，背完（并根据艾宾浩斯遗忘曲线复习完）一百个单词，练一小时钢琴。

　　"任务"不多对不对？

　　刚开始，我按着计划表走，确实觉得生活充实了不少，但

你的努力，
    终将成就无可替代的自己
ni de nu li,
zhong jiang cheng jiu wu ke ti dai de zi ji

154

渐渐地，我发现无法坚持下去。第一次没完成任务，是因为加班到了九点多，回家勉强看完一篇小说就睡着了。第二次，是因为出外勤，搬了很多物料，回来手抬不起来，练不了琴，写不了字。第三次、第四次……当"计划"荒芜得越多，人也越懒怠。过了一个月，两个月，半年，无论哪一项，我都没有收到明显的成效。

只要是正常的上班族，想要坚持去做一件另外的事，都多少会遇到这样那样不可抗的"意外"打乱你的计划。加上你的计划表中各种类型的尝试都有，能量一分散，自然收效甚微。

当你意识到你可以成为自己梦想和现实之间的"造梦人"，那么你需要做的，不仅仅是张弛有度的生活节奏，也不仅仅是"坚持"的口号，还有专注。这样，梦想才不容易被现实击碎。

王小波说，人在年轻时，最头疼的一件事就是决定自己这一生要做什么。

我有位前同事，因为想要和有趣的人对话而当上记者，她说过一句话："想见的人，想做的事，都终将会实现，只要你足够想要。"

为了心爱的日本文化，她开始学日语，也因为这件事，她彻底改掉了记者职业的通病——"熬夜写稿，白天睡觉"的作息，她强迫自己在早上七点醒来，苦苦和日语作业搏斗一上午。三年来，一天都没有中断过。

从断断续续用半吊子日文采访，到越来越多的日本采访对象问她"为什么你会比我还懂我的国家"，她说，因为无限放大了个体的自我趣味，才最终完成了她后知后觉的成长。

现在她已经辞掉了工作，在自己的公众号上发了一篇《再见，总有一天》的文章，宣布自己终于实现了二十岁的梦想。

真正专注的人，不会在微博打卡，在朋友圈自怨自艾"为什么我这么努力还是无法怎样怎样"。专注的人，往往不容易因为短期的挫败而憎恨生活。

小胜叫莉莉一起去吃饭，莉莉摆摆手："昨晚睡太晚，我待会随便吃个面包算了，中午还能多趴会儿。"

"你多晚睡呐？"

"一点半。"

"为什么这么晚？我九点就睡了。"

"九点的时候我才吃完饭回家，洗完澡就十点半了，随便看个电影就一点多了。"莉莉苦笑。

这样的对话，莉莉几乎每天都要重复一遍。

你也有过这样的经历吗？下班后，发愁吃什么晚饭，吃完了随便逛个超市，回家基本上就"洗洗睡"了。

更可怕的是，刚毕业的时候，因为每天都在学习行业新知识，因而过得特别充实，一个月像是过了一年。真的等到了一年后，你已经熟悉岗位上的各项职责，再也不会因为出错被罚被训，需要在工作中学习的技能越来越少，时间也咻咻地飞走了，恍惚间，一年、两年、三年……都仿佛在弹指一瞬间。

现代科技节省了许多冗长的工序，各种交通工具也很大程度上缩短了路上的时间，你能想到的任何事情，几乎都有"上

你的努力，
    终将成就无可替代的自己
ni de nu li,
zhong jiang cheng jiu wu ke ti dai de zi ji

156

门服务"。但为什么我们的时间还是不够用？

最大可能是因为拖延症。调查显示，有过半的人是"不到最后一刻，不会开始动手工作"。为什么晚上效率更高？因为带着白天没有工作的罪恶感。有无数的职场励志书籍告诉你怎么战胜拖延症，比如《21天养成一个好习惯》之类。但真正的拖延症可能连书都无法看完。

"我知道那件事必须去做，但我就是没有动力去做。"因为有了这种预期的"恐惧"，那件事就变成了压力，而且会恶性循环，时间过去，期限逼近，你还是必须去完成它。

我们身处于一个被诱惑包围的时代，它们通常被包装成各种丰富生活的样子投放到我们的空间里，而网络加速了我们的幻觉。正如那句话说的，"每天一打开微博，大事小事如潮水一样铺满你的时间线，你有权力评论、转发、关注，感觉像皇上批阅奏章。"

从文档或者邮箱切换到网页的距离有多近，从娱乐切换回工作的距离就有多远。

还有就是，我们总爱预留时间。比如早上七点半要起床，大多数人喜欢提前半个小时定上几个闹钟，每隔五分钟或十分钟响一次。其实那个过程中，因为闹钟频繁响起，睡得并不踏实，你白白浪费掉的，是完全可以有质量地再睡半个小时，或者早起半个小时，去做你规划的事情。

把工作当作受罪，因此白天八小时很不开心，如果恰好选错了爱人，晚上八小时也会很不开心。不会管理自己的时间，也就等于不会管理自己的压力。

因为未来还很远，年轻人对于前路比中年人、老年人抱有更强烈的憧憬。在憧憬之余，又不满足于自己为未来所做的事。天赋的本钱总会日渐告罄，肉体也难承担持续浩淼的开支。但愿魔鬼来放高利贷的时候，你不会轻易鄙薄自己的青春，"斥为幼稚胡闹不值一提"。

正如马尔克斯永远记得巴黎那个春雨的日子，在圣米榭勒大道遇见海明威的样子，虽然后来他也在文学殿堂有了自己的一席之地，但仍记得自己大喊的那声"大——大——大师"。过往的幼稚、挣扎、前途未知，都成为了舞台中间的传奇。

你知道总会有熬过时间的那一天。即使差一点就要撑不住，即使迷茫得下一步就不知道往什么方向走，你依然会因了这种期待带来的巨大激励，而告诉自己再努力一把，再坚持一秒。虽然你在那一刻并不知道，自己还要在路上多久。

然而，这样又忧愁又充满可能性的幻觉，是那些奔跑在路上，不愿意停歇，也不屑于在大庭广众之下流露痛楚的人才能体会到的。

这个世界疯狂，冷漠，没有人性，但愿你一直清醒，相信，不紧不慢。

愿赌服输，莫留遗憾

他在演艺圈并不红，但身价颇高，口碑极好，算是很有名的演技派演员。

早些年，他其实红过。那时他还是个初出茅庐的演员，一

你的努力，
终将成就无可替代的自己
ni de nu li,
zhong jiang cheug jiu wu ke ti dai de zi ji

158

次偶然的机会，被邀请出演一部网络爱情剧的男二号。这部剧在网络上播出后，意外地火了。他也因此而走红，接到不少活动和片约。

就在演艺事业正要步入佳境之时，他做出惊人决定：暂时辞别演艺圈，孤身前往国外读表演学校。

他将全部积蓄都投入到学费上。为了赚取生活费，断了收入来源的他开始在课余时间四处寻找打工机会。餐厅、搬家公司、便利店、加油站……几乎全都涉足过。

等到学成归国，他才知道那部网络剧拍了好几部续集，男二号换了人，照样被捧红。而他如今却被人淡忘，连份拍戏的工作都难找。

朋友都说他傻，此前放着大好机会不利用，偏偏跑大老远去学表演。这下可好，赔了夫人又折兵。

他只是笑一笑，并不反驳。他心里清楚得很：一旦离开就会被淡忘的走红，并不值得留恋，从一开始，他就不想当一个只有脸好看的偶像。

那段时间，他没有片约，只是每天默默去剧场排练。

剧场的新话剧，他担纲主演。那还是他在国外表演学校时接到的角色。当时一位在国内还算出名的话剧导演去学校参加一个活动，他主动找导演攀谈，两人相谈甚欢，导演当时正好有意起用新人，他顺手就接了导演下一部话剧的男主演。

一部小众的话剧当然不能让他受到瞩目，却在他的表演履历里留下了重要一笔。此后，开始有导演找他拍文艺电影，有编剧指名他出演某个高难度的角色。他的片约仍然不多，也仍然不怎么红，却已在属于他的领域静静发出光芒。当年那个网络爱情剧里的奶油小生，如今已经变成一个成熟的男人，一名味道十足的演技派演员。

后来，他在一次采访中被问道："对自己的选择，有没有后悔过？"

他很干脆地回答："没有。"

记者不肯罢休："可是，当初如果你不出国学表演，没有耽误那几年，现在很可能已经是粉丝无数的大明星了。"

他笑了："我不适合做大明星，我只想做一个演员。"

说完，他提起一件事。

其实，他之所以选择去国外念表演学校，是因为那个国家有他最崇拜的演员。入学后，他曾经提笔给那位演员写了一封很长的信，叙述自己的经历、想法、梦想，以及对那位演员的崇敬仰慕之心。没想到演员竟然写了回信给他，信上说："人生太过复杂，我也不是万事明了，能送给你的只有四个字：好好感受。"

好好感受。

多好的四个字，简直把人生道尽。

人生万事，苦乐、悲喜、得失，怎么计较得清楚呢。你说他放弃如日中天的名气远赴海外学表演耽误了星途，是失；他却觉得那段海外学习的经历让他成了一个真正的演员，就连困窘时四处打工的经历都没有白费，它们全都会成为演技的养料和灵魂，所以这个选择毫无疑问，是得。

怎么可能分得清楚？不如只是好好感受。

你的努力，
终将成就无可替代的自己
ni de nu li,
zhong jiang cheng jiu wu ke ti dai de zi ji

160

得也好，失也罢，都去感受，都让它在途中。反正得也不是最终的得，失也不是最终的失。

有个女孩子，大学毕业三年，换了六份工作。朋友都觉得她太不靠谱，劝她早点稳定下来："别人都辛辛苦苦、勤勤恳恳地攒经验，混资历，规划职业生涯，你呢？折腾来折腾去，到头来还是个新职员的薪资待遇，还是长点心吧。"

也不怪朋友吐槽，她第一次辞职，居然是因为暗恋同一个办公室的同事。暗恋得像个花痴一样，常常偷偷看他，有时他对她笑了，和她说了一句工作之外的话，她都能开心好久。暗恋半年后，她忍不住找他表白。

结果他很为难的样子，委婉地说了一些拒绝的话，大意是，我们是同事，我从来没有往恋爱那方面想过，何况还在同一个办公室……她很难过，觉得以后再在同一个办公室面对他会变成一种煎熬，因此不管不顾就辞了职。

此后的五次辞职，全是因为和顶头上司吵架。职场上的人际关系，对她来说简直如同迷宫，她在里面左冲右突，动辄就遇死路。

朋友每次都劝她："很多时候对你上司的所作所为，睁一只眼闭一只眼就好，他说什么，你听着就好，何必要去吵架？要解决问题，也该用更聪明委婉的方式，难道吵架能够改变你的上司，改变你的现状吗？"

到最后，每个朋友都说："你再这样下去，还有哪家公司敢要你？"

她知道朋友说得有道理，却又难免因此生出一股倔强之气："你说我不行？我偏要证明我行！"

六份工作，横跨三个几乎完全没有交集的行业。利用周末和假期，她努力学习，拿到三种不同的职业证书。她一边和她认为不够好的顶头上司吵架，一边拼命工作。

第六次辞职时，她正准备第七份工作的面试，不料第五家公司的总监忽然打来电话，邀她一起创业。

"为什么是我？"后来她问。

总监只说了一句："因为你足够优秀。更重要的是，在工作上，你是个不肯苟且妥协的人。"

如今，她成为这家公司的首席战略官。

曾经不懂人际交往、不明白怎么当一个好下属、被朋友担忧找不到工作的人，如今在职场上，已经比所有的同龄人走得更快、更远。

或许这是运气。

可是，是谁说过，运气也是实力的一部分。而这份实力，是她那股不肯服输的拼劲换来的。

她以为自己一退再退，一失再失，原来不知不觉间，自己一直在前行。

原来，所有的"得"都不是最终的得，所有的"失"也不是最终的失。

有人说，要过好百分之一的生活，专心致志，有志者事竟成。有人说，要去看百分之九十九的世界，读万卷书，不如行万里路。

你的努力，
　　终将成就无可替代的自己
ni de nu li,
zhong jiang cheng jiu wu ke ti dai de zi ji

162

于是有人问，到底应该过好百分之一的生活，还是去看百分之九十九的世界？

要我说，最好不问。

人生不过是一场赌局，不上场赌一把，你不会知道结局。

能够做到的只是：感受一切，体验一切；愿赌服输，莫留遗憾。

G

你的认真，让整个世界如临大敌

唯有自己不可辜负

刚从泰国回来，顾孟就约我去南锣鼓巷泡吧。

她点了螺丝起子，我点了莫吉托。

酒吧里有歌手驻唱，一男一女，唱的都是伤感的歌。

顾孟垂下眼，搅动那杯人称"少女杀手"的鸡尾酒，说，大家都是来买醉的，所以酒吧的歌手总是唱着悲伤的歌。

我闻着莫吉托沁人心脾的薄荷气味，光是点头，不知该说些什么。关于她去泰国之后的经历，她不提，我也不敢问。

酒吧里吵得很，可见她约我来这里见面，不是为了倾诉。

一个月前，顾孟去了泰国。

也正是在一个月前，顾孟的男友甩了她，赴泰国清迈做交换教师，时间是一年。

顾孟怎么也想不通被甩的理由，男友没有给她质问的时间就上了飞机，她联系不上他，也等不到一年之后，于是决定去清迈找他。

从眼前顾孟这副垂眸不语的表情中，我大概猜到了事情的结局。

她和男友二人，美女配帅哥，双双走在校园里时，回头率颇高。

周围的朋友都说他们十分登对。

你的努力，
　　终将成就无可替代的自己
ni de nu li,
zhong jiang cheng jiu wu ke ti dai de zi ji

166

只可惜所谓登对，永远是别人眼中的风景。感情，总是如人饮水，冷暖自知。

恋爱中的顾孟智商下降，痴心一片，而男友对顾孟的不满却越来越多。

他嫌顾孟不够聪明，没有自己的爱好，也嫌她不上进，说她是个光有容貌，没有理想、没有自我的花瓶一样的女人……

男友在大三的时候，争取到了去香港当交换生的机会，因为要分开一年，顾孟很不高兴。男友一句安慰的话也不说，只问她毕业后有什么打算。

顾孟撒娇，我跟着你，你去哪里我就去哪里。

男友报之以冷笑，那也要你有本事跟过去。

顾孟的确没什么爱好，不够聪明，也没有什么想要实现的梦想，可是，这些都是不能原谅的缺点吗？顾孟不明白，她是个女孩子啊，难道不是天生就该被宠爱、被保护吗？

我不想跟一个和我没有共同语言的女人共度一生。这是男友分手时给出的理由。

足够斩钉截铁了。而追到清迈想要一个解释的顾孟，或许真的是不够聪明。

"以后我要找一个喜欢漂亮女人的老公。"顾孟不甘心。

我很想提醒她，对女人而言，漂亮的保质期有多短你知道吗？

张爱玲看得透彻：对于大多数女人，爱的意思，就是被爱。

女人总是容易像藤蔓一样，依附于其他东西生长、生存，遇到好男人就幸福，找到坏男人就伤痕累累；他爱你时你就貌美如花，他不爱你时，你就一文不值。

但你若没有一颗足够撑起自我和骄傲的内心，你若辜负时光，辜负自己，你若不能在人世浊流里像一棵树一样坚韧站立，又怎可能看见命运终点处的朗朗晴空？

叶子和顾孟完全相反，是一个相当能折腾自己的女孩。

大学四年，她学美术，学设计，学跆拳道，自学炒股，去校新闻中心实习，去省报实习，去电视台实习，忙得不可开交。作息表贴在床头，密密麻麻一张纸，我看着都头晕。

毕业后，她进了京城一家很大的报社，当记者。

她没有细说求职过程，但我知道，大学刚毕业就能结束实习期当上正式记者，这背后不知需要付出多少努力。

报社待遇优渥，叶子又是个十足的工作狂，为了找到更有分量的采访对象总是不遗余力，甚至干过蹲点、跟踪这种事。采访多，报道多，独家新闻多，自然名利双收。

父母很满意，她自己也很满意。

但过了一年，她开始不满意了。报社条条框框很多，她觉得很受限制，不能尽情做自己想做的事。她有时看着总编已经开始花白的头发，想着，难道我就这样过一辈子？不断地采访，采访，为了有朝一日当上总编？

不顾父母的反对，她辞掉了这份人人艳羡的工作，从零开始，自学金融。她说她终于想好了，进入金融行业，每天和钱打交道才是她的梦想。

你的努力，
　　终将成就无可替代的自己
ni de nu li,
zhong jiang cheng jiu wu ke ti dai de zi ji

168

听了她的说法，我表示十二分认同，毕竟她从初中就已经开始摆地摊，高中就已经在用自己的压岁钱炒股了。

从叶子进报社开始，她指导的一个后辈就一直追求她。叶子辞职时，后辈很支持，他说他会继续留在报社，好好赚钱，当她的经济后盾。

叶子很感激，但这是她自己选择的路，她不想依靠别人。她靠着偶尔的打工收入，再加上之前的存款，就这样勉强度日。

她每天去大学、图书馆自习，一边考CFA（注册金融分析师），一边考雅思、托福。那几年，几乎每天都是在昏天黑地的学习、考试和打工中度过。

每次回家，家里的亲戚都会问：在哪里工作，赚多少钱？以前她据实回答，都会引来众人一片啧啧赞叹。如今她据实回答，亲戚们都摆出一副遗憾的表情，同情地说，要不要我给你介绍工作？

叶子每每脸上笑着，却在心里咬牙切齿，把这份屈辱尽数化作学习的动力。

终于通过考试，她开始疯狂地投简历面试，最后百里挑一地选中了一家高大上的证券公司入职，为的就是在那些势利的亲戚面前扬眉吐气。

创业，去美国读EMBA（高级管理人员工商管理硕士），已经是三年后的事了。

在这三年间，叶子换了五份工作。

所有人都觉得，这个女孩太能折腾了。她到底要什么？想做什么？

叶子说，我自己也不知道。

但是，没关系，还年轻呢。不趁着年轻时多折腾，多摸索，多试错，找到自己真正想要的东西、想做的事，难道要等到老了再去后悔？

叶子不害怕从零开始，从头再来。

在和上司拍桌子大吵一架，辞掉第五份工作后，叶子终于醒悟自己不是老老实实上班拿薪水的那类人，于是着手开始创业。

找点子，找人脉，找伙伴，找资金，她再一次忙得不可开交。等到公司终于注册成功，叶子才第一次体会到幸福感和满足感。

此时已是她老公的后辈从报社辞职，担任公司CEO（首席执行官），全心全意为她的梦想和事业出力。叶子去美国读EMBA时，公司全都是老公在打理，业务蒸蒸日上，她放心得很。从美国回来后，她怀孕生子，在事业和家庭间转换自如。

今年，她说要去创业国度以色列进修，回来打算扩张公司。

人人都说她成功了，很厉害，我却一直记得她一无所有的那几年：每天硬着头皮读英文原版书，遇上不认识的专业词汇，就上百度挨个查，得不到父母支持，被亲戚鄙视，被周围的人嘲笑，被人说"绝对不可能成功"……

没有人天生骄傲，天生就能绽放光彩。

你的努力，
　　终将成就无可替代的自己
ni de nu li,
zhong jiang cheng jiu wu ke ti dai de zi ji

170

有些事要趁早去做

两年前的一个初秋，我在图书馆看书时接到我妈的电话，她带给了我一个无法让人接受的消息。我那个三个月前检查出来只是患了并不严重的小病的小姨，病情恶化，现在已经住进了重症监护室，没有多长的生命了。

我妈跟我通电话时，声音哽咽，"几个月前好端端的一个人，现在瘦弱得只剩骨头，像个小孩缩在病床上，谁都不认识了，连自己的儿女都不认识。姑外婆哭得晕倒，天天输液。"

小姨是我姑外婆的第七个女儿，才三十多岁出头。曾经也是家里娇滴滴的小公主，结婚后便开始朝女强人的方向发展，跟着她的姐姐们学做生意，起起伏伏，后来开了好几家汽车店。

店子里的事，家中的大小事都是她来做，姨夫基本是甩手掌柜，不管，也管不了。姨夫家以前什么都没有，现在的家产基本都是靠小姨辛辛苦苦挣来的。

有一次，姨夫晚上停车时不小心擦到了路边的另一辆车，被那个混社会的车主讹诈，赔偿金没谈拢，后来车主带了一大帮人到小姨的汽车店闹事。

小姨让姨夫去外地躲一段时间，她自己一个人出面和那帮男人谈。气场十足的她，让那帮男人佩服得五体投地。

后来，讹诈不但不了了之，那帮人还成为了小姨店中的客户。

　　这样一个在混混面前都毫不惧怕的女人，在病魔的折磨下，毫无反击之力，生命力正一点一点地消失。

　　在死亡面前，再强大的人都是那么脆弱不堪。

　　我最后一次见到小姨，是她患病前的那年春节，去姑外婆家拜年。她齐肩的头发，微卷，脸上白里透红，穿着修身黑色长裤和黑色长靴，上衣是件博柏利经典款风衣，体态轻盈，温柔地跟我们聊天，一点都不像女强人，反倒优雅中透着可爱，像是刚过二十五岁的轻熟女。

　　而在那之前，我在外婆家看到她的照片，刚刚生完第二个小孩，胖到了一百五十斤。

　　那天看到她，想起了那段关于女人的话，一个拥有强大内心的女人，平时并非是强势的咄咄逼人的，相反她可能是温柔的，微笑的，韧性的，不紧不慢的，沉着而淡定的。

　　小姨去世后，听得最多的是惋惜。

　　那么年轻的女人，事业有成，儿女双全，辛辛苦苦了十多年，却等不到儿子长大，女儿嫁人，事业再一次的辉煌。

　　小姨清醒时，曾在病床上狠狠捶打自己，想不开。她还有那么多想做的事，还没和其他六个姐姐美貌如花地去旅游，还没和丈夫好好过一次情人节，还没给自己好好放个假，还没去美容院体验那个最贵的水疗……

　　生命没有多少时，才会想起那么多想做的事没有做。

　　而那时已无力地做，最终，只得遗憾而去。

　　2012年春天，我在台湾做交换生时选修了一门课，叫悲

你的努力，
终将成就无可替代的自己
ni de nu li,
zhong jiang cheng jiu wu ke ti dai de zi ji

172

伤辅导与治疗。在讲到临终看护时，老师向我们解释，在人面对死亡的时候，特别是长期病程的癌症，为什么病人会先保持否定的态度，不敢去面对实情，接下来会生气，认为为什么是自己得到这个病，再接下来开始了解死亡是不可避免时会呈现忧伤，最终才会接受它。老师讲完后，放了一部电影《遗愿清单》。

两个罹患癌症晚期的老人住在同一间病房，一个是富翁爱德华，一个是汽车修理工卡特，身份地位悬殊的两个人刚开始合不来，摩擦不断，而彼此唯一的相似点便是都只有所剩无几的活在世上的几个月时间了。

卡特随身藏着一张黄色的纸条，那上面写着他想做却未曾实现的愿望，他把那叫作遗愿清单。是他大一哲学课上，老师布置的任务。

某天清晨，阳光洒进病房，爱德华无意之中看到了那被揉成一团丢在地上的遗愿清单：友善地帮助一位陌生人；大笑至流泪；欣赏宏伟的景象；亲自驾驶福特野马跑车……然后，他又自顾自地写上了其他的愿望：跳伞，亲吻世界上最美的女孩，刺一个纹身，并鼓动卡特一起行动，完成这些梦想。

"我们是一条绳上的蚂蚱，要么躺在病床上，参加狗屁的医学实验以期待奇迹的发生；要么采取一些行动。"爱德华如此说道。

曾经不相干的两个人，变成了相依为命的人。

在卡特和妻子大吵一架之后，两个人开始了圆梦之旅。

影片的开头是喜马拉雅山的壮丽风景和一段引人思考的旁

白：一个人一生的意义很难衡量，有人认为，这在于此人留下了什么，而有人则认为，这在于一个人的信仰。还有人认为，这在于爱，其他人则说，生命根本没有任何意义。

之后电影的前半部分，我看得昏昏入睡。

让我猛然惊醒的是爱德华和卡特在埃及金字塔顶端俯瞰宏伟景象。

古埃及人有个美好的愿望，当他们的灵魂到了天堂的入口，神明会问他们两个问题，而问题的答案将决定他们能否进入天堂。

"你找到生命中的快乐了吗？"

"你为他人带去快乐了吗？"

在回答第二问题时，爱德华支支吾吾，最终道出了他心中的秘密——他和女儿之间的间隙。当我看到他在女儿家，亲吻他的外孙女，然后划掉了那条清单——亲吻世界上最美的女孩时，深深地感动不已。

在现实生活中，生命所剩无几的人都不会如爱德华或卡特这般幸运，还能够完成那些遗愿清单。

大多人都只是躺在病床上，看时间一点一点过去，时间走了，他们也走了。

有些事曾经没做，之后就一辈子都没有机会再做了。

影片结束后，老师布置了一份作业，假设你只有三个月的生命，你有什么想做的事、想说的话，试着写一份遗嘱。

我已经忘了自己写过什么了，只是在写完这份作业后，我的第一个改变是立刻开始学雅思，一刻也不能耽误，我想要出

你的努力，
　　终将成就无可替代的自己
ni de nu li,
zhong jiang cheng jiu wu ke ti dai de zi ji

174

国留学，我知道那是我内心最最渴望做的事，即便只剩下三个月的生命，我也愿意为此而努力一番。

后来，从台湾回来，在同学都找好工作，保研、考研成功的时候，我居然能心平气和地静下心来学英语，全力备考雅思。

回想起来，我自己都佩服自己的定力。

考完雅思只是第一步，写申请材料又是艰难的一步。那会儿，就连上厕所都在想自己的优势是什么，怎么样才能让申请书写得有血有肉吸引导师看，学习计划书要如何构思等等。

后来，当我收到心仪学校的面试邮件时，我想，实现梦想的每一步虽然艰难，但却让你如此心甘情愿，即便最后我面试失败，被学校拒了。

我暂时没有实现那个愿望，但我为它付出过，争取过，努力过。

我知道，这个梦想的结局不会是现在这个样子，它未完待续，等着我现在即刻启程为实现它而倾尽全力。

我想去看世界上最伟大的印度教建筑，想去清迈领略泰北田园小清新，想去越南经历人生中必去的五十个地方之一，想在大学期间有交换经历，想要出国留学，为此我拼命学习，努力工作，努力挣钱。

很幸运，这些事大部分都实现了，除了出国留学。

其实，事情没有那么难，走出第一步，最难的就已经跨越了。

日本有个临终关怀的医生大津秀一，从上千例临终病患的"人生至悔"中总结出了最后悔的二十五件事，它们是：没做自己想做的事；没有实现梦想；做过对不起良知的事；被感情左右度过一生；没有尽力帮助过别人；过于相信自己；没有妥善安置财产；没有考虑过身后之事；没有回故乡；没有享受过美食；大部分时间都用来工作；没有去想去的地方旅行；没有和想见的人见面；没能谈一场永存记忆的恋爱；一辈子都没有结婚；没有生育孩子；没有让孩子结婚；没有注意身体健康；没有戒烟；没有标明自己的真实意愿；没有认清活着的意义；没有留下自己生存过的证据；没有看透生死；没有信仰；没有对深爱的人说"谢谢"。

每个人都有自己想做的事，也知道要趁早去做。但是大家觉得时间还有很多，总之拖延症成了最大的癌症。

等到最后，一切都已经来不及了，再悔恨至极。

有些事现在不做，一辈子都不会做了。

但愿这世上谁都不要有这种悔恨。

找到位置，然后迈开步伐

据说，世界上有一种鸟，生下来就没有脚，一生都在努力地飞行，即使累了也只能休息在风里，而不是像其他的鸟一样，可以停下来，找个舒适的地方停靠，因为它一生只能有一次机会落到地上来，那就是死亡的时候。

他说，他就是那只鸟，所以他必须一直往前飞，不能停下。

你的努力，
　终将成就无可替代的自己
ni de nu li,
zhong jiang cheng jiu wu ke ti dai de zi ji

176

　　他是我一个很久都没有见到过的朋友，只是偶尔从他的状态中，可以找到他的踪迹。

　　他的踪迹总是不定，像是信缰而行的野马，又像是振翅游走的飞禽，永远都在漂泊的状态中。他说，他喜欢那种状态，一路追寻着夕阳的足迹，一直向西，行走。

　　他喜欢夕阳下的美景，所以这么多年来，他一直处在不停的行走状态中，不断地追寻着不同地方的夕阳美景，不停地用双脚丈量着脚下的路，用自己手中的相机记录着夕阳的美丽。

　　他的镜头下出现过很多风景，有满目白色的雪，有面容模糊的人，有简单的饭馆，有精细的手工艺品。

　　很多人好奇他为什么会将镜头对准这些东西，而且很多手工艺品上甚至还有中国的文化符号。他的回答让我们很诧异，但也很敬佩——原来，在这些有趣的馆子里，曾有过他劳动时洒下的汗水，而那些明显带着中国文化符号的手工艺品，则是他在空闲时间里创造的产品，卖出去，可以增加自己的收入。

　　他就是这样靠着一路的行走、打工，追寻着自己心中的梦想。后来，他上传了一大段视频，视频中的他乐观、开朗，虽然皮肤明显地黑了，还流露着掩饰不住的沧桑。

　　再见到他的时候，是在国内一个小规模的全国巡回展览上。在休息室里，我们围着一个小小的圆桌，我的面前放着一杯用纸杯盛着的纯净水，他的面前则是一个跟随着他走遍所有地方的搪瓷缸，旁边竖立着一只保温壶。

　　这是他的重要装备。

　　看着搪瓷缸内壁上挂着的厚厚的垢，我很容易想象出，在这么多独自漂泊的岁月里，他是怎样用这只搪瓷缸充当着茶具、餐具，甚至是遇到下雨天时充当接水的应急容器的。这一点也是他在闲聊中提起的，他的帐篷用的久了，有的时候会漏雨。

在我出神的注视中，他平静地端起搪瓷缸，吹去飘在水面上的几片茶叶，缓缓地呷了一口茶。在国内的时候，他很喜欢喝茶，他说，喝茶能让他体会到回到故土的感觉。

每天早晨，他都会在起床之后，捏一撮儿茶叶，放在搪瓷缸里，冲水，然后做其他的事情。就在这过程中，叶片在水中伸展、翻滚，在水面上吸足了水分后慢慢地沉入水底，释放出浓浓的茶色。

等大部分茶叶都沉入水底之后，他坐下来，端起搪瓷缸，推推架在鼻梁上的眼睛，再顺手抚一下鬓边的头发，把搪瓷缸放在唇边，"咕噜"呷一口茶水，让它在口齿、舌膛间打个转儿，让涩涩的味道沾满整个口腔，最后才一下子吞咽下去，润湿久久没有浸淫茶香的食道、胃肠，直至通透了心肝脾肺肾等五脏六腑。

每当这个时候，他总是表现出一副很享受的样子。

这一次见面，即便是我坐在他的面前，他也没有表现出丝毫的改变，依然是呷一口茶，慢慢地在口腔里打一个转儿，滋润自己的唇齿舌腔喉，然后慢慢地下咽，直至滋润了自己的五脏六腑。然后，慢慢地以同样的过程喝进了第二口。

他是个话不多的人，而且很能耐得住寂寞。也正因为这个，我们——他的朋友们——从来不担心他的精神上会出现什么问题。当我们聊到这个问题时，他哑然失笑，轻轻地说了句："怎么会！"

你的努力，
    终将成就无可替代的自己
ni de nu li,
zhong jiang cheng jiu wu ke ti dai de zi ji

178

我明白，在他的心中，一直都存在着一个难以安服的东西。正是这个难以安服的东西，让他一直处在旅途中，以自己的行走极力让它得到满足。在我们看来，这种东西完全可以被冠以"奢望"的字眼，而在他看来，则是彻彻底底的"梦想"。

聊来聊去，我们就聊到了他的这次旅行，以及下次可能的方向。他轻轻地摇摇头，没有说话，只代以浅浅的微笑，他从来都是这样，并不会明确说出自己的计划，并不是他的城府有多深，其实他也不知道自己的想法。甚至头一天还在跟我们一起嘻嘻哈哈地聚会，第二天就已经踏上了新的旅行。

我们都已经习惯了从公司到家的"两点一线"的状态，至多会在假期来临的时候，安排一次短途的旅行，其余的闲暇时间，全部浪费在看起来毫无价值的事情上，甚至还美其名曰"夜生活"。这个大城市生活的精彩部分，我们都早已习以为常的生活内容，在他的面前，却显得扁平、苍白而又黯然失色。

我问他，你会感觉累吗？

他说，当然会感觉到累，有的时候真想立刻结束行程回家，但当回到家乡之后，过不了多长时间，就又会非常怀念那种"在路上"的感觉，恨不得马上远走他乡。

我问他，你会选在什么时候结束这种漂泊的状态呢？

他先是轻轻地摇了摇头，才轻声地说，我就是那只没有脚的鸟，我停下来的时候，也就是我再也走不动的时候。然后，我会找个安静的地方，用笔继续这种旅行，记录下我这么多年积淀下来的东西。

　　我不禁哑然，哑然之余又不禁有些汗颜。这么多伙伴中，他是唯一一个能依从于自己的内心，能够在想法出来之后就立刻去实现的人。

　　有些人的灵魂只有在行走中才能复苏，他们在众人或艳羡或质疑的目光中反反复复地确定方向，找到位置，然后迈开步伐。

　　有人质疑旅行不过是为了在朋友圈里秀优越，更高端地装逼罢了。

　　我想他们大概从没有过那样的感触，为了一种理想的生活状态，不到万不得已绝不停下脚步。

　　我想他们应该不会了解这样的感受的，因为他们一半的时间都挣扎在庸常的生活中，而另一半的时间则用来质疑一种自己永远无法实现的生活状态。

　　他还会往前走的，像那只不会休息的鸟一样。

跌跌撞撞后，光芒万丈

　　有人说，每个人一生都会遇见三个人：第一个是爱你的人，第二个是你爱的人，第三个是和你相爱的人。深以为然。

　　在第一个人那里，你尝到被爱被呵护的滋味，认识到自己的优点和魅力，却还学不会珍惜，学不会体贴和理解。

　　在第二个人那里，你学会了珍惜，学会了体贴和理解，却尝到痛苦的滋味，煎熬的滋味。你第一次知道，爱情原来并不

你的努力，
　终将成就无可替代的自己
ni de nu li,
zhong jiang cheng jiu wu ke ti dai de zi ji

180

那么美好，它会让你自卑，笨拙，一无是处，会让你食不下咽，夜不能寐，让你因为他的缘故而身处地狱，却天真地盼着他化身为天使来拯救你。

在第三个人那里，你尝到安稳的滋味。你终于不再强求，不再伤害对方也不再伤害自己，你成熟到懂得用最好的方式去爱他，也成熟到能够安然接受他的离去，你不再为了爱要死要活，而是学会了顺应生命的际遇。

最好的爱，当然是第三种。可是，让所有人刻骨铭心、念念不忘的，却总是第二种。

你深爱过的那个人、那段时光，就像一个逃不出去的网，囚禁着你这一生最好的年华，每每想起，总带着切肤疼痛。

你还记得吧？你和他分手的时候有多憔悴，你本来身体就弱，我们都担心你真的会撑不下去。

我们去你家，陪你说话，希望你大哭一场，冲我们发泄，可你只是苍白着一张脸，翻来覆去地说着关于他的事。说着说着，总是忽然停顿一下，喃喃问："他怎么就舍得和我分手呢？"

他当然舍得啊，就像你当初舍得和爱你的那个人分手一样。可你那时根本听不进去，你执迷不悟，沉浸在自己的悲伤里，眼里容不下任何人。

那时他是大学校足球队的主力，踢球的时候，帅的一塌糊涂。每天都有成群的女生去操场看他练习，你是这群女生中最努力接近他的那一个。你每天买三瓶水、三条毛巾装在包包里，为的是能随时给他递过去；你利用和他同一个系的优势，得知许多关于足球队的最新消息；你主动为他的足球队画宣传海报；他比赛时，你替球队把一切后勤打理得妥妥帖帖。

后来，他习惯了你的存在。你们经常出双入对，周围的人都默认了你们的关系。你没理会那群气炸了的女生，就算她们处处为难你，你也不放在心上。能够走在他身边，哪怕受再多委屈你也是愿意的。

你就像一条离开水的鱼，努力学习如何在陆地上生存。你走在他身边，不求他像你对他一样，倾其所有，只盼着他偶尔施舍给你一滴水，让你活得不那么焦渴。但你是否知道，鱼儿在陆地上生存是什么模样？你那段日子一点也不漂亮，你当然为了他每天都化妆，穿漂亮衣服，但我们都不觉得你漂亮。你整个人都失去了血色，眼底干涸，皮肤粗糙。

这一场爱情并没有滋养你。你每次拿着手机翻来覆去地看，我都问你他又说什么了，你说他什么也没说，只是对你发过去的"晚安"回复了一个"嗯"字，或者一个"哦"字。你高兴地说，他以前都不回我，现在终于开始回复我了，哪怕只是一个"嗯"字或者"哦"字呢，至少他开始回复我了呀。

你的视线没有离开手机，所以你不知道当时我的眼神里全都是对你的心疼。

他常常因为打游戏而忘记和你的约会，也常常为了期末考试而好几天不和你联系，却会在感冒不舒服时理所当然地支使你，在有事情需要帮忙时打电话给你，完全不管你忙不忙，是否有空。

而你，当然是没空也要挤出空来。

你的努力，
终将成就无可替代的自己
ni de nu li,
zhong jiang cheng jiu wu ke ti dai de zi ji

182

这场恋情在你拼死拼活的坚持和努力下，撑到了毕业。他签了一份还不错的工作，在他的家乡。而你签的工作更好，是一家很知名的外企。他回家乡的城市工作，你跟着去了，压根没让他知道关于外企的事。你早已暗地里在他的城市里找了另一份工作。真是用心良苦。

然后，他在职场，遇到了他爱的人。

这回，轮到他患得患失，要死要活，尝试煎熬和痛苦的滋味了。但那与你无关。你只能灰溜溜地离开。

四年的付出，换来这样的结果，你当然会想不通。

但你记不记得？当初爱你的那个人，也是像这样被你随手丢弃，像丢弃一块随手捡来的石子。

这不是报应。而是，我们都需要经历这样两个人，爱你的人，你爱的人，才知道爱是怎么一回事。单方面的祈求，终究是要落空的。

爱是两个人最亲密也最完整的一种互动。

现在的你应该已经明白了，因为你终于遇见了相爱的人。

这并不容易。刚失恋时，你简直不相信这辈子还能再谈一场恋爱。你不相信任何一种诗意的说法，比如，在时间无涯的旷野里，有一个命中注定的人正在向你走来。

你说，怎么可能。

等到你终于不再把自己关在家里，已经是半年之后了。你开始好好吃饭，去健身房跑步。支撑你这么做的理由是，有一天你和他重逢，你绝对不要让他看到你悲惨的样子。你要变成最优秀最美的女人出现在他面前，让他为当初抛弃你而后悔。

然后，你在健身房遇到了那个命中注定的人。

你忽然发现，原来彼此相爱是这么美妙的事。你不需要再去解读他的一举一动，研究他的每一句话、每一个眼神都有什么含义。你不会再因为他偶尔和你说了晚安而惊喜不已，然后立刻又想这是不是只是他的心血来潮，接着你又开始为他不再和你说晚安而沮丧失落。你不再觉得他对你好是一种恩赐，你必须匍匐在他脚下感激涕零。

你现在明白了，爱情是一件多么自然的事，你只是想要对他好，并不祈求回报，而他也会同等地对你好，同样不求回报。你们很契合，可以聊很多事，也可以一起保持沉默。你们也会有矛盾，有时候心平气和地沟通，有时也你来我往地吵架。但吵完一架，你并不生气，而是感慨，从前你爱他时，有委屈就生生咽下去，连架都不敢跟他吵。

我问你还要不要让他为了抛弃你而后悔。你说，无所谓了，他一定也会在他爱的人那里溃不成军，伤痕累累吧。

如今，你和恋人生活在一起。他有他为之奋斗的事业，你有你为之努力的工作，你们会一起做饭，一起开车数小时去寻觅一处好吃的餐厅，一起旅行，一起尝试很多新鲜的事，一起养一只猫、一条狗，一起勾勒属于彼此的未来。你们的生活里有爱，有诗意，所以你不再在意过去的伤痛，也不再恐惧于很可能再受一次伤的未来。

我告诉你，现在的你真好看。你说，哪有，笑起来时，眼角都开始有细纹了。我说，真的，很好看，整个人都散发着光芒。

那是你跌跌撞撞、磕磕碰碰之后终于找到栖息之地的时候，由内而外散发的安详而又自足的光芒。

你的努力，
　　终将成就无可替代的自己
ni de nu li,
zhong jiang cheng jiu wu ke ti dai de zi ji

184

人生路，我们只能不停地走

我的一位客户是个喜欢穿红色衣服的短发女人，她做事干净利落，说话语速极快，笑起来发自心底，很讨人喜欢。

有一次，我们约在一家大厦顶层的咖啡厅谈项目，一杯咖啡喝完，公事告一段落。她叫服务员续了杯，我们一起放松下来，望着落地窗外的城市全景，有一搭没一搭地闲聊。我很好奇她的创业经历。她笑了笑，和我聊起她在十四岁时孤身去美国留学的事。

那是她人生中最孤独的时期。

在那所英才遍地的私立高中，十四岁的她遭遇了前所未有的文化冲击，不知道怎么融入环境，害怕被嘲笑，上课不敢发言，不敢参加活动，回到寄宿家庭也不敢和房东搭话，没有一个可以交流的朋友。

她知道再这样下去不行，却不知道怎么去改变这种状况。

事情的转机出乎意料。有一天，她去附近的大型超市买日用品，一路上低着头走路，不小心撞上一辆儿童车。小孩受了惊吓，哇哇大哭，她连声道歉，孩子的父母却不依不饶。很快有人过来围观，周围的人见孩子哭个不停，孩子父母又怒气冲冲，以为是她伤害了孩子，也纷纷指责她。

她又窘迫又难过，情急之下居然蹦出一口流利英文，把事情的细节解释了一遍，驳斥了孩子父母对她的误解，又再次诚心地向孩子道了歉，然后在众人的注视下昂首挺胸走了。

经过这一次，她像被逼入绝境而逢生，从此不再害怕开口。

一旦勇于开口，她的开朗天性很快得到了释放，到高三时，她已经是班里最受欢迎的女生。此后高中毕业，顺利考入常春藤名校就读，一路读到硕士，拿到学位之后，回到阔别十年的北京，已经习惯西方文化的她无法融入国内的环境，工作频频遇挫。

孤独卷土重来。

那种身在自己国家却不被接纳的感觉，相当难受。她换了好几份工作，在某天和一位媒体总监正面冲突之后，结束了最后一份为别人打工的工作。

"在美国，我曾经是一个局外人，没想到回到中国，又成了局外人。"

我忍不住插嘴："我倒觉得很不错，和外国人打交道时，你是中国通，和中国人打交道时，你又是外国通，这不是很大的优势吗？"

她睁大眼睛看我半天，忽然笑了，说："你和我当时的男友说了相同的话。"

她说，男友的这句话简直让她醍醐灌顶。一直以来总想着自己的劣势，完全没想到，转换思维模式，劣势就可以变成优势。她之所以自己开公司，也是为了更大程度地利用自己拥有中西方两种文化背景的优势。对这个在中国长大，又在西方留学十多年的女人来说，整合、协调两方面的资源是信手拈来的事。如今，她在中国人和外国人两个圈子之间游刃有余。

后来她说，她曾经想，自己究竟是为了什么在十四岁的年纪就孤身远赴异国？

你的努力，
终将成就无可替代的自己
ni de nu li,
zhong jiang cheng jiu wu ke ti dai de zi ji

186

她去往远方，不是为了与孤独为伴，把自己逼入困境，好让日后的自己心疼或感动，而是为了冲破孤独，打开自己，走出一个人的世界，去看更广阔的天地。

当每一个孤独的时刻袭来时，你可以诅咒它，也可以束手就擒，但当你有幸走出来，在更大的舞台上闪耀光芒，你会发现那些与孤独相伴的时光都是命运对你的馈赠。

跋涉过人生最孤独的时刻，你才会蜕变。

我认识一位女心理咨询师，不过三十岁左右，自己做咨询网站和APP，事业做得风生水起，她的工作室里聚集了一大批同行。

她留着梨花头，皮肤白皙，笑容甜美，说话时声音软软的，仿佛一个邻家小妹，不像心理咨询师，更不像一个事业成功的"女强人"。但有一次听她在人前聊起过去，我们才知道，原来她的内心如此强大。

那是她的一本心理随笔的新书发布会。台下的读者举手提问，当你还是个小女孩的时候，为什么会选择走进心理学这个领域？熟悉她的人都知道，她报考大学时，按照父母的意思填了计算机系。大一没读完，她就退学重考，转学了心理学。

她说："我十八岁离开家，第一次试着一个人生活。除了那些通常都会遇到的实际问题之外，我最大的体验是孤独。"

不仅仅是一个人生活的孤独，最大的孤独是和自己想要的一切渐行渐远，却没有人能够理解，包括这个世界上最爱她的父母。

她花了半年时间，终于明白自己并不适合在那些天书般的计算机语言里过活，想到漫长的四年，乃至漫长的一生，都将和一件她并不热爱的事物打交道，她有些不甘。

父母却说："你那么聪明，肯定没问题。"

她的确聪明，学习成绩相当不错，就这么学下去，想必她也能够成为这个行业的优秀人才。但这不是她想要的。

"那你想要什么呢？"父母问。

"不知道。"她答。

那时她只知道，不能再这样下去。

没有给自己留退路，就这样退了学。

重考的日子不算辛苦，她向来成绩优异，完全有信心考上一所更好的大学，但那段日子几乎是她人生最痛苦的时期。每天下晚自习，她都会一个人去操场散步，仰头问自己到底在做什么，而前路又在哪里。

她没有问出答案。

但和自己相处的漫长时光，终于让她在万千孤独中看清了自己，真实的自己。

后来，她考上国内最好的大学读心理学。没有特殊、非此不可的理由，她只是发现自己对人类心灵的兴趣，远远大过对这个世界的兴趣。

当曾经的计算机系同学都已经开始拿薪水，在职场上独当一面时，她还在学校里过着紧巴巴的生活，连实习都没有着落；当同龄人开始升职加薪时，她却还在做实习咨询师，拿最低的薪水补贴，做着超负荷的工作。

很多年，她的人生，一直徘徊在没有光的地方，眼看着别

你的努力，
　　终将成就无可替代的自己
ni de nu li,
zhong jiang cheng jiu wu ke ti dai de zi ji

188

人都奔着光亮而去，却不知自己的光亮究竟在何方。

"人生徘徊在没有光的地方，当然很孤独，但孤独是什么呢？"在发布会上，她说，"站在现在回望过去，我知道面对任何困难，只要咬咬牙坚持下去就能克服，就会看到希望，但是在当时，我并不知道希望真的存在。这才是孤独。就像在荒野上，四周一望无际，只有我一个人。必须在没有希望指引的那些时刻，逼自己怀抱希望，咬牙前行。"

这很像宫崎骏说的："每一个人生的当口，都会有一个孤独的时刻，四顾无人，只有自己。于是不得不看明白自己的脆弱，自己的欲望，自己的念想，自己的界限。还有，自己真正的梦想。"

孤独，让你看到自己的界限，却也让你更明确自己的梦想。

在人生这条路上，我们只能不停地往前走，不断地在得到的喜悦里领会失去的痛楚，然后对过去所有在暗夜里独行的孤独时光释怀，并且感恩。

你不放弃自己，世界就不会放弃你

不计后果地燃烧一回

护肤品新品研讨会上，市场部和开发部的人各自提案，讨论整个系列的定调、名称和相应的卖点。

在一家几乎全是女性的护肤品公司，他身为市场部的新人，第一次提案。幸好这次开发的是男性护肤品，所以他提出了自己觉得很新颖的风格，自认为一定会让男性用户心动。

本是自信之作，谁知市场部经理完全没理会他的提案，直接否决，采用了另一个简洁风格的案子。

这样的决策的确很稳妥，但和以前的护肤品包装有什么区别？

他愤愤不平，觉得经理没有远见，让自己难得的才华被埋没。如果只是延续之前的风格，为什么还要开发新品？

那几天，他每天上班迟到，工作也提不起精神，终于被经理叫到办公室。

"我知道你是因为自己的提案没有被采用，在赌气。但你想一想，我为什么没有采用你的提案？为什么没有被你说服？"

他有些吃惊，但细细一想，他的提案确实还不够完善。他回去找了相熟的设计师朋友帮他设计了整个包装，又找了一家工厂，做出小支样品，呈交给经理。看起来效果相当好的包装瓶，受到了经理的赞赏，但他的想法再一次遭到否决。

"成本控制呢？这么复杂的包装，成本怎么下得来？"

经理冷冷的一句话，把兴奋的他"打回原形"。

你的努力，
　　终将成就无可替代的自己
ni de nu li,
zhong jiang cheng jiu wu ke ti dai de zi ji

192

　　他不服气，在办公室熬了一周，翻阅了无数资料，和许多家工厂联系，在保证质量和数量的前提下，终于找到了将成本控制在预算范围内的办法。

　　经理终于接受了他的提案。

　　新品发布有条不紊地进行，请了代言人拍广告，联系商场铺订货渠道，策划活动。经理把确定赠品的事交给了他，那段时间，他沉浸在提案被采纳的喜悦之中，完全没将区区赠品的事放在心上，到了该提交方案的那天，被经理问起，才想起来。

　　经理很生气："这可是你自己的提案，你怎么这么不上心！"

　　他虽然觉得惭愧，却也觉得经理小题大做。

　　"你一定觉得我小题大做吧？"

　　他吓了一跳，没想到经理一下说中了他的心思。

　　经理叹了口气："我承认之前我太过保守，不敢冒险，你提出的方案的确很新颖，而且又有成本控制的方法，所以我觉得冒一次险或许也可以。但这真的是一次全新的尝试，虽然市场调查效果还不错，但实际投放市场是另一回事，我希望把每个环节做到完美，尽量减少风险，你明白吗？不要小看一个赠品，做得好的话，很可能大大推动销量。"

　　他沉默下来。

　　"你只是公司的一位普通职员，对你来说，假如这次新品发布失败，你可能觉得这是个人的失败，然而我是负责这个项目的人，必须对公司负责，对整个市场部的人负责，甚至对我们所有的渠道商负责，你可以指责我过于谨慎保守，却不能不理解我为了降低风险而做的任何努力。"

　　他站在那里，惭愧不已。他承认自己从来没有想过这些，觉得经理只是考虑自己的利益，没想到身为领导层，必须担负如此重大的责任，他总是觉得自己已经把工作做得很好，如果结果不好，那也没办法，却从没有为了让结果变得更好而去努力。之前熬夜的那一周时间，也纯粹只是为了争一口气。

　　他想起大学时参加篮球比赛，还没进决赛，他们的队伍就输了，却没有留下遗憾，因为真的拼命努力过了，他尽了自己的全力，打得酣畅淋漓。赛后，他几乎虚脱地倒在地板上，但是体育馆里的灯光照在身上，显得格外美好。

　　宫崎骏说："可以接受失败，但决不接受从未努力过的自己。"

　　最痛苦的事不是失败，而是在本该尽全力的时候，没有用尽全力。那种懊悔、不甘心，想把自己狠狠抽打一顿的糟糕感觉，堪比地狱。

　　此后，他痛下苦功，做出来的赠品方案大获成功，不少用户为了得到精美的赠品而买下产品。最后，限量版的赠品掀起不小的话题，网上甚至有很多人表示，正是为了得到传说中的赠品才购买了产品。

　　他拿到了奖金，在公司的庆功宴上被点名上台讲话。但所有的荣耀，都比不上那种尽力之后发自心底的酣畅淋漓。

　　《中国最强音》里有一位参赛选手，原来的职业是中学老师，他说自己实在太热爱音乐，太想当歌手，所以下定决心辞了工作，专心走音乐这条道路。

你的努力，
终将成就无可替代的自己
ni de nu li,
zhong jiang cheng jiu wu ke ti dai de zi ji

194

从稳定的讲台，到不稳定的舞台，这一步迈得很大，却并不迟。

任何时候开始梦想的旅程，都不算晚。

也许有人说，他会失败吧。想当歌手的人太多了，怀抱着廉价音乐梦想的人也太多，随便一个爱唱歌、会唱歌的人，都泪流满面说自己的梦想不死。

听一个有梦想的人唱歌，你会发现，那歌声里有他全部的人生，有他经历过的悲喜起伏。那是独一无二的歌声。他的确可能失败，不能成名，但谁说音乐梦想成功的标准就是出名？

这位歌手让我想起中学时代的一位英语老师。她曾说自己是听从父母的想法才念了师范学校，成为一名老师，但她的梦想其实是去国外当同声翻译。我记得很清楚，她是个白皙美丽的年轻女孩，夏天穿着白裙子，戴着大大的遮阳帽经过我们身边时，就像仙女一样蹁跹多姿。我曾经想象过她站在地中海海滩上，漫步塞纳河畔，在伦敦广场喂鸽子的情景，那一定比现在更美。

可是后来，她听父母的话，相亲，结婚，生子，逐渐从一个清新脱俗的女孩，变成一个身材走形、再也不精心打理自己的女人。我想，她大概会在讲台上站一辈子，到老时，儿孙满堂，或许会去地中海和塞纳河边走一走，然后遥遥记起当初的梦想，无声叹息。

王家卫在《一代宗师》里说："人生若无悔，该有多无趣。"

但若是放着悔恨在身体里、心里生根发芽，不曾为了最想要的生活纵身一跃，人生大概会更无趣。

并不是说当歌手和翻译才是正确的人生选择，而是，你有没有拿出一点点努力，去接近你想要的。

人的一生，有多少事，真的不愿求结果，只求尽情尽兴。

爱情，事业，梦想，无非都是求一个自以为是的圆满，给自己一个交代。

不计代价地努力一回，不计后果地燃烧一回，哪怕一败涂地，也比该做的事没有做好一百倍。

所以，很喜欢村上春树的这段话："我或许败北，或许迷失自己，或许哪里也抵达不了，或许我已失去一切，任凭怎么挣扎也只能徒呼奈何，或许我只是徒然掬一把废墟灰烬，唯我一人蒙在鼓里，或许这里没有任何人把赌注下在我身上。无所谓。有一点是明确的：至少我有值得等待值得寻求的东西。"

无所谓的心境，绝不可能在你什么都没做的时候达到。

只有榨干身上最后一滴汗，用尽最后一丝力量，你才能对任何结局潇洒地说一句：无所谓。

有了希望，就有勇气咬牙蜕变

三年前，我在咖啡馆里遇见一个头发银白的外国老太太。她叫翠丝，来自新奥尔良。翠丝说自己退休以后就在外面旅行，我想她的旅行一定是去欧洲小镇度假或在海边悠闲地晒晒太阳。

老了，退休了，不是正需要这样的日子吗？安逸而清闲，在阴凉的庭院里侍弄花草，喝喝下午茶，听听音乐，看看年轻

你的努力，
　　终将成就无可替代的自己
ni de nu li,
zhong jiang cheng jiu wu ke ti dai de zi ji

196

时没有时间看的书。即便去旅行，也不至于太折腾自己才对。可是，看到她的旅行照片后，我大吃一惊。

她去的地方大多是沙漠、高原、原始森林，照片里尽是黄沙、悬崖。她站在撒哈拉沙漠里，身后是一轮通红的落日，她的银发在照片里闪着光。在亚马孙雨林，她手里提着半人高的不知名的鱼笑得非常开心。

哪里有什么海岛、沙滩、小镇、别墅。

我一时惊叹，脱口说："您这么大年纪还能去这样的地方呢？"

她笑了笑，认真地对我说："年纪和生活的状态没有必然的关系。"

的确，没有人逼她走向荒漠，是她自己寻着去的，不是为了证明什么，只是她觉得自己还可以走，还可以到处看一看，于是就背起包走了。

翠丝说，她一直就想当个旅行家，年轻的时候因为工作的关系没有机会，现在不用工作了，就开始实现一直以来的梦想。

她说："不管从何时开始，只要迈出了脚步就为时不晚。"

连一位满头银发的老太太都在为梦想上路，我们又有什么资格不努力？努力其实并不那么难，只需要闭上找借口的嘴，从外界的诱惑中收回目光，从浮躁和五分钟热度中沉淀下来，然后给自己一个信念，相信总有一天你会成为自己想要成为的那个人。心中有信念的人，即便走得慢一些，即便最后走不到终点，也不会迷茫。

你要相信，自己的肩膀总有一天可以承担未来，这样在幸福降临时，你才有能量来迎接它。

你要相信，那些爱过的人、受过的伤、错过的桥都是必要的，它们把你变成这个世界上最独特的人。

你要相信，那些最难到达的地方，那些需要一直奋斗才可获得的事物，才最值得花时间努力争取。

你要相信，最难办到的事有时候是最有价值的事。

你要相信，对自己坚持的事情报以热忱，美好的事情就会慢慢降临。

你要相信，生命最精彩的部分永远是靠自己成就的，而不是靠别人取得。

邻居是一个相貌并不出众的姑娘。她家境并不富裕，一件褪色的粉色棉衣穿了整整一个冬季，却一直干净整洁。十九岁那年，她和我一起考上大学，她的父亲给了她一万元，说这是家里全部的积蓄，今后的一切需要她自己来扛。以我那时的眼界来看，这真是人生最痛苦的事，那些钱连四年的学费都不够，更别说生活费了。

在我的印象里，她一直是一副怯怯的表情，见到陌生人总是不知所措的样子。可就是这样一位姑娘，到学校报到的第二天就开始物色兼职工作，第三天也不知从哪里找到了一个发传单的活，向表情木然的行人一次次伸出热切的手，又一次次被拒绝。我不知道当时她是用什么说服自己克服了自卑与恐惧，才能把这件事情一直坚持到第一个学年结束的。

这一个学年她打了三份工以贴补每月的生活费，没有落

你的努力,
终将成就无可替代的自己
ni de nu li,
zhong jiang cheng jiu wu ke ti dai de zi ji

198

下一门功课,学期末拿到了校级奖学金,第二学年的学费有了着落。

第二学年,学校的功课重了起来,英语四、六级考试,各种证书,但最后学年的奖学金依然属于她,兼职打工她也一刻没有停下。偶然在校园里遇见她,只觉得她似乎每一分钟都在计算着下一分钟要做些什么,仿佛一停下她的生活就会崩溃。

她曾经话很少,但渐渐地变得开朗起来,谈吐也落落大方,她还参加了学校里最大的实践社团,比谁都热衷于参加社会活动。大三那年她会画一点淡淡的妆,成了班级里最早找到实习工作的人。大四那年大家都在为工作焦头烂额的时候,她从容地进了一家广告公司做策划。

毕业典礼那天,她作为优秀毕业生代表发言。她说,当初父亲拿出一万元钱说这是她四年全部的学费和生活费时,她就告诉自己,绝不能在困难面前止步。因此,这四年她规定自己每一天都要有成长,每一天都要有收获。因为她不想以后成为为钱发愁的人,不想一辈子辛苦,她想出类拔萃,想优秀到可以做自己想做的事。她有梦想,所以一直努力,一直坚持。

有些人就像江河里的泥沙,随水流不断向前奔,遇到转弯的地方就沉淀下来,永远无法到达海洋。其实,遇到转弯,我们需要的不过是一点儿坚持,一点儿希望。

电影《肖申克的救赎》里被判无期徒刑的瑞德说:"希望是世界上最美好的东西,是人间至善所在。在那所高墙里,所有的异动都无法存在,只有希望不灭。"

其实,希望一直在我们心里。当我们遇到生活的不公时,也许一颗怀抱希望的平常心能让我们在黑暗中从容地找到通往光明的大路。

　　表舅家的小姑娘，三十四岁，在一家外资公司任职。表舅家世代都是农民，表舅妈在小姑娘三岁的时候摔伤了脊柱，再也没能下床。小姑娘为早点给家里一些支持，毕业时推掉了导师推荐保研的机会，进了现在的公司。这个没有任何销售经验、性格内向的农村姑娘硬是在公司里上演了一出现实版的"杜拉拉升职记"。

　　她并不是没有绝望过，放弃保研机会的时候，来到人生地不熟的大城市的时候，销售方案被否定的时候，和公司同事的偏见对抗的时候，被人际间的钩心斗角伤害的时候，一个月没有一笔订单的时候，每次想到家里、想到父母的时候，她都觉得生命艰难而孤独。可她最终还是撑了下来，笑脸迎人，同事下班了，她还在给客户打电话。为做一个出色的营销策划案，她加班到深夜，直到保安拉了整层楼的电闸赶她走。她说自己一定能成为一个出色的销售，一定可以做出最好的营销策划案。

　　小姑娘独自在外，没有人帮，但每一个真正扛得起生活重担的人都是自己一个人咬牙挺过来的。挺过来了就一切都不一样。无论际遇如何，我们总得抬头前行。高楼再灰暗，总会有阳光照进来。那些光，就是把失意的生活变成诗意的希望。

　　有了希望，有了信念，我们就有勇气咬牙蜕变，所有的不安也将在这样的信念里落地。就像《永不妥协》里的单身母亲

你的努力，
终将成就无可替代的自己
ni de nu li,
zhong jiang cheng jiu wu ke ti dai de zi ji

200

一样，没有工作，没有存款，在最倒霉的时候只有更倒霉的事情找上门，但生活只要有一线希望她就不会妥协。所以，哪怕在最困难的时候，我们也要坚强地面对生活的苦难，认真地对待身边的人和事，不怨天尤人，不歇斯底里。告诉自己，可以哭，可以弯下腰去把尊严放下，但即使自尊被践踏，也要重新站起来继续出发，永不妥协。

要相信努力的意义，相信无论生活多么艰难，美好的东西都不会消失，太阳会照常升起，无论过去还是将来，一切痛苦都会过去。

义无反顾才能拨云见日

曾经去某剧场看实验话剧。

剧场在一条胡同里。不大，却有很高的大厅，一半是观众席，一半是舞台，二者之间没有距离，观众和演员彼此触手可及。整出戏只有两个演员，一个是导演系的在读学生，一个是在职白领，两人于舞台剧完全是门外汉，却都演得专注而投入。

这场话剧的主题是恐惧。

一对恋人，对各自人生的恐惧，对现实的恐惧，对未来的恐惧，对亲密关系的恐惧，对感情失陷的恐惧，对距离的恐惧，对无法把控的自我的恐惧……

短短两小时的演出，将人心的各种恐惧演绎得细致入微。我坐在那里，看出一身冷汗，觉得那戏里演的处处都是自己的写照。

那阵子，正值毕业前夕，也是职业选择的关键时期。想回老家，却恐惧于此后一成不变的生活，担心自己会屈从于父母的安排生活下去；想去更大的城市，却害怕前方的庞大未知，无法下定决心迈出脚步。

尚未从上一段心力交瘁的恋情伤痛中走出来，却又心有余悸地与新的恋人交往着，时时都害怕重蹈覆辙，心里充满悲观，总觉得这段感情不能长久。对方对我好一点，就心惊胆战，生怕得到越多，失去越快。自己也不敢过多地付出，怕再次被伤得体无完肤。

那时，我真是满心满身的恐惧。

像被细线缠绕全身，束手束脚站在原地不敢动弹。

如今离当时不过几年光阴，生活却已转过好几个弯，柳暗花明。回望那时将我困住的恐惧，我总是想起柏瑞尔·马卡姆在《夜航西飞》里写下的话："过去的岁月看来安全无害，被轻易跨越，而未来藏在迷雾之中，隔着距离，看起来叫人胆怯。但当你踏足其中，就会云开雾散。"

时间最终给了我答案。

时至今日，那段令我心惊胆战的恋情的确结束了，却也没有将我伤得体无完肤。彼此和平分手，还是朋友。我并没有为覆水难收的付出而后悔，也并没有过多地怀念这几年来他对我无微不至的好。并非不够爱，但个中原因实在很难讲清，或许是因为我在好几年的磨炼中已经变得足够成熟坚韧。

而我最终选择了去更大的城市工作生活，前方等着我的确实是庞大的未知，气候、生活习俗、人群，一切都是陌生的。

你的努力，
终将成就无可替代的自己
ni de nu li,
zhong jiang cheng jiu wu ke ti dai de zi ji

202

不过，当我踏足其中时，迷雾就已揭开。我像所有来到这里的年轻人一样，找工作，找房子，在陌生的小区、陌生的街道、陌生的职场、陌生的人际关系中开始新的生活，并且逐渐生活得很好，直到终于融入这个城市的背景和气质，毫无违和感。

由此我意识到，立足于今日的眼界和胸怀，去恐惧未来有可能发生在自己身上的悲剧，是一件很可笑的事。

未来的自己，哪怕是明天的自己，都有可能比今日的自己更厉害、更坚强、更优秀，不是吗？

今日弱小的我看到的如天崩地裂般令人恐惧的痛苦和灾难，在未来强大的我看来，或许只是不值一提的烟云吧。

我的一位高中同学，前段时间远赴伊斯坦布尔。对于这座横跨欧亚大陆的城市，她和我一样，只在周杰伦的歌里听到过——"就像是童话故事，有教堂有城堡"。除此之外，她对它一无所知。尽管如此，她却不顾家人反对，去得义无反顾。

对于伊斯坦布尔，她并没有什么非去不可的理由。不去伊斯坦布尔，去新德里也可以，去布宜诺斯艾利斯也可以。只不过恰好她拿到了伊斯坦布尔孔子学院的申请，而且恰好有个伊斯坦布尔的男友，于是就去了。

她的梦想一直没有确切的模样，唯一可以确定的是：梦想一直在远方。

出国之前，她邀请朋友们聚餐，大家都问她：怎么能这么轻易就做出决定呢？难道你不害怕吗？为什么非得去那里工作呢？国内难道没有好工作？一个女孩子，独自去那么远的地方，谁也不认识，一个亲人朋友都没有，万一出什么事，万一男友对你不好，万一工作丢了，可怎么办？

她说，她的爸妈当时也是这样说的。其实，她自己也知道，值得担心害怕的事情的确太多了，真要说起来，三天三夜都说不完。

"但是，你们知道吗？"她轻轻微笑，表情安然，"对梦想和远方身不由己的向往，会压倒所有的恐惧。"

如今，她同时在孔子学院和汉堡王市场部拥有两份截然不同的工作，嫁给伊斯坦布尔的男友，生下一个漂亮的混血儿，事业、生活都顺遂得很。

自然，父母和朋友担心害怕的那一切，全都不曾发生。

有人说，梦想就像一场试探，看我们能够付出多少不求回报，坚持多久不问结果。

看着她，我却觉得，梦想更像一场豪赌。

付出一切，只为了赌一种可能性。

而仅仅是那一种可能性，就值得付出所有。

身边的很多人都不敢任性，慨叹着曾经的梦想渐行渐远，自己却被生活的琐碎和生存的压力困住，寸步难行。其中理由各种各样，但归根结底无非恐惧——对失去的恐惧，对未来的恐惧。

其实，不必为自己找理由，错失梦想，那就错失。或许这错失会延续一生，或许，某一天你会找到一个契机，人生忽然柳暗花明。等到那一天，你会发现，所有的恐惧、担忧和害怕，只不过是因为你对梦想还不够挚爱。

你的努力，
　终将成就无可替代的自己
ni de nu li,
zhong jiang cheng jiu wu ke ti dai de zi ji

204

记得当年那出话剧演完后，有一场小小的访谈，编剧从幕后走出来，年轻得出乎意料。她在访谈中特别感谢了剧场的老板，感谢他对这出并不卖座的实验话剧的支持。

老板是一位长得圆乎乎的大叔，闻言，他乐呵呵道："不用谢我，我开这家剧场的初衷，就是为了支持年轻人，支持一切大胆的先锋实验戏剧。"

在寸土寸金的城市里经营一个并不赚钱的小剧场，台下观众忍不住担心："那您能经营下去吗？"

大叔笑道："如你所见，我已经经营至今了。"

另一位观众问："那您不害怕以后会经营不下去？"

大叔仍是一脸笑容："说实话，我真不害怕。因为我发现，当我竭尽全力非要做成这件事不可时，周围就奇迹般地出现了很多帮助我的人，比如各种捐款、赞助，我甚至还得到了一些相关慈善基金的经费，以及很多有名的剧团愿意提供帮助，还有不少大学生来这里做义工，帮我们做宣传海报、网站，等等。更何况，有你们这些热爱戏剧的观众在，我相信这个剧院会一直存在下去。"

经久不息的掌声，响彻这个小小的剧院。

而更打动我的，是大叔接下来说的一席话："我会尽最大努力去做，绝不轻易言败，当然我也已经做好最坏的打算。如果有一天真的经营不下去了，请大家不要担心。我会继续在这个行业，做所有我力所能及的事。"

不久前，和剧院工作的朋友一起去小剧场看新剧。坐在剧场二楼的咖啡厅等待，我聊起从前看过的那出关于恐惧的实验话剧。

朋友听完，说了一句："一切恐惧都来源于想象。"

我一愣。

可不是嘛，都是想象。

受过的伤都会愈合

我记得，那是小D最惨烈的一次失恋。

从高中时期偷偷摸摸的地下恋情，到大一与军训教官的热恋，再到和羽毛球协会长的球场之恋，再到她和上司的办公室恋情，小D的感情生活几乎没有过空白的时候。

她是个漂亮的女孩，性格又开朗，追她的人自然多。她也由着性子挑来拣去，看到顺眼的就交往，不顺眼了就甩掉，潇洒得很。

每一任男友，都像她儿时的玩具，玩腻了，就扔了，一点也不心疼。

大学毕业时，高中同宿舍的几个人聚会。回忆着高中生活，大家都唏嘘感叹着喝了不少酒。中途有人提及小D的情史，我们几个人掰起指头数了数，纷纷调侃她："你这个花心女！总有一天会得到报应的！"

小D端着啤酒摇头晃脑："我哪有花心，每一个男朋友我都很喜欢啊，而且我都是好好分手之后，才找下一个的。"

你的努力，
　　终将成就无可替代的自己
ni de nu li,
zhong jiang cheng jiu wu ke ti dai de zi ji

206

　　这话说的倒也没错。我们几个人都没说话，算作默认。

　　但过了许久，小D的下铺，因失恋而将一头长发尽数剪去的米粒，蹙着眉头幽幽地说了一句："你那不叫恋爱，真正的恋爱，哪有这样潇洒。"

　　像是为了印证她的话，小D在工作后不久，就经历了一场毫不潇洒的恋爱：她爱上了她的上司，一个已有家室的男人。而且，小D是和他分手之后，偶然间才从别处得知他早有家室。

　　痴情的小D，谈了一场充满甜蜜和快乐，却也充满欺骗和谎言的恋爱。

　　是上司主动追求她。一开始，她觉得这个三十多岁的男人很有点不自量力，在她身边一票优秀追求者的比较下，这个男人无疑过于普通了。

　　若有若无的接近，示好般的温柔，小D都看在眼里，装作若无其事地应对着。他毕竟是她的上司，而这份工作也是她梦寐以求的，当然不能撕破脸皮。幸好他为人温和，极有分寸，并未强势到让小D无法拒绝。

　　时间一天天过去，他们之间的距离在小D聪明的周旋之下，没有缩短一分。小D想，这样就行了，不会有任何问题。

　　事情的转机发生在那年冬天。

　　那是一个滴水成冰的早晨，小D起床晚了，慌慌张张往公司赶。偏偏那天她生理期，又没吃早饭，在地铁里时已经有点虚脱。下了地铁，眼看拐个弯就到公司门口，她却走不动了，只觉得天旋地转……

　　不好，是贫血，要晕倒了。意识到的瞬间，她一个趔趄，差点摔倒。顾不上脏，她赶紧靠着路边的一棵树蹲下来。

据小D说，她当时蹲在那里，把头埋在双臂之间，眼前一片模糊，浑身抖个不停，冷汗直冒，完全没有力气抬起头出声求助。路上的行人那么多，没有一个人停下来询问她是否需要帮助。

就在小D以为自己会在那里蹲到天荒地老时，她模模糊糊听到有人说话："你没事吧？"

见她一动不动，一双手挽住了她的手臂。

"能站起来吗？"

她在对方有力的挽扶下站了起来，把身体的重心放在那双手中，小D努力平复片刻，抬起头，两个人都愣了。

"是你？"

原来是她的上司。

他在去上班的路上，看到一个穿着职业装的女孩子埋头蹲在路边发抖，于是上前帮忙，并不知道那个女孩就是小D。

小D在QQ上兴奋地敲过来一行字："这年头，这样的好男人真是少见了。"

我回她一个不屑的表情："他肯定是想着人家女孩子年轻漂亮，才上前去帮忙的啊，说不定只是想要制造一场艳遇而已。"

"胡说。"小D听不进去，"当时我低着头呢，根本看不到长相，而且我穿着职业套装，就那么蹲在那里，看上去只是随处可见的上班族而已。再说，谁愿意没事给自己找麻烦啊，万一遇上讹人的呢？"

你的努力,
　　终将成就无可替代的自己
ni de nu li,
zhong jiang cheng jiu wu ke ti dai de zi ji

208

　　我还来不及嘲笑小D正在落入一个英雄救美的古老陷阱之中,她就已经迅速地沦陷了。

　　自此,我几乎每天都能在小D的微博小号上看到她更新的状态,要么是她又惊喜地发现了那个男人的某个优点,要么就是和他秘密约会时的心情,偶尔也发张偷拍他的照片,但从来都没见她发过两人的合照。

　　实在只是一个眉眼普通、气质普通的男人,小D却像捡到了宝。她说她刚刚知道,原来恋爱的心情,就像坐上了云霄飞车,忽上忽下,并不完全是快乐的事,但快乐的时候,心里就像在冒泡泡,脸上忍不住地就要傻笑。

　　小D和上司保持着一个月约会两次的频率,他对她非常温柔宠溺,但他从来不带她回家,也从来不和她在外面过夜。小D当然不满,但她不由自主地为他找了许多借口,最后小D这样说服自己:"他这种有分寸的性格也很迷人。"

　　我们纷纷说她无可救药,她居然很正经地点头:"我也这么觉得。"

　　分手来得很突然。上司调职,升任分公司经理。分公司在另一座城市,他几乎是理所当然地向小D提了分手。

　　小D脱口而出:"我也可以申请调职过去,不行的话,我就辞职。"

　　而他,只是缓慢而又坚定地摇了摇头。

　　我确信,并非因为这是小D人生第一次被甩,她才哭得那么伤心,而是因为,这是她第一次全身心投入去爱。

209   H   你不放弃自己，世界就不会放弃你

过了一个月，小D忍受不了无心工作的自己，终于辞了职。等我收到她的消息时，她已身在敦煌。

大概有半年时间，她在西北各地辗转旅行，有时会在某处找一间民宅住下来，找一份打工的工作，像当地人一样生活。偶尔，我会收到她的只言片语，没有照片，没有关于心情的诉说，而她的微博，也已很久没有更新状态。

我虽然担心她就这样自暴自弃，一去不回头，却也知道此时的她，最不需要的就是安慰，所以尽量不去打扰她。

有一次，她很难得地打了电话过来。在电话里，我跟她说起王家卫的《蓝莓之夜》，我对她说，你很像电影中的那个女主角。

她问我哪里像。

我告诉她，那个女主角也是因为失恋——被相恋五年的男友背叛，于是离开纽约，去美国各地旅行，打工，交朋友，最后终于在陌生的地方，在陌生人的故事里愈合了伤口，找到了内心的安定和爱的真谛。

她沉默片刻，随即笑了："没错，我们都会长大，受过的伤也都会愈合。等我回来。"

小D离开时，京城春暖花开；如今她回来，枫叶红，银杏黄，她站在京城最好的季节里，终于满脸明媚。

人为什么要离开，跋山涉水，千辛万苦跨越一段长长的心灵旅程呢？

看着小D脸上重新绽放出的美丽笑容，我确信：人之所以要离开，是为了更好地回来。

你的努力，
　　终将成就无可替代的自己
ni de nu li,
zhong jiang cheng jiu wu ke ti dai de zi ji

210

睡醒后再重新开始

唐子淳，梦想的偏执狂，有洁癖的处女座。

三年前，我们在一次共同的朋友聚会上认识。一直以来，我们并没有太多的交集，但我总是能从朋友的闲谈与唏嘘中听到他"不疯魔，不成活"做摇滚的事迹。

"毁掉我们的不是我们所憎恨的东西，而恰恰是我们所热爱的东西。"这是尼尔·波兹曼说的一句经典名言。我觉得这句话放在唐子淳身上实在太过贴切。我们就是那样无能为力地看着他背着沉重的梦想，想要穿过云层冲向可以容纳一切的天空，却一寸寸向下坠落。

任何人都不知道坠落到深不见底的山谷后，他会选择带着伤痕重新起飞，还是就此把梦想连同对生活的希望一并埋葬。

坐在咖啡馆里闲聊的时候，唐子淳永远是我们话题的中心。在这个黑夜被霓虹照亮的时代，梦想远比一杯咖啡要奢侈得多，也远比一杯咖啡更让人觉得矫情。在平凡得如蚂蚁一样的我们看来，唐子淳是一只拼命想要逃出平凡围城的猛兽，让我们佩服得同时，也让我们觉得他不过是在做垂死的挣扎。而在他看来，我们坐在咖啡馆里无所事事的闲聊，不过是在等着死神前来报到。

梦想，把我们的距离隔开了好几道街。

但是，说不清是嫉妒，还是羡慕，我们看似漫不经心实则聚精会神地关注着他的每一次转弯，准备在他下坠时看他的笑话，或是在他起飞时举起手为他鼓掌。

　　唐子淳毕业于一家并不知名的音乐学院，毕业后多半同学都走进中学校园，做了一名音乐教师，也有几个家境富裕的同学到国外知名音乐大学进修，只为混一个唬人的头衔。而他则带着摇滚至死的执着信念，千里迢迢来到北京，和几个意气相投的朋友组建了一支摇滚乐队。

　　那一支乐队，是他梦想的起点。当然，也可以说是他中毒的开端。

　　在那支乐队中，唐子淳做鼓手，并负责乐队原创作品的作词和谱曲。他们排练的地方就是他租住的地下室，见不到阳光和月光，看不到树梢和蜻蜓，也听不到雨声和风声。唐子淳打鼓极其用力，手持鼓槌的地方，已经多次渗出血液。他只好贴上创可贴，忍着流血的疼痛，继续练习乐曲的拍子，调整乐曲的节奏。鼓声、吉他声、贝斯声，以及主唱唱出的歌声，交织在一起，是一种掺杂着太多复杂情绪的呐喊。

　　没错，是呐喊，是对这个太苛刻的世界的呐喊，是对太疲惫的生命的呐喊，是对太强烈太顽固的梦想的呐喊。

　　一曲唱完，每个人都大汗淋漓，每个人都沉默得如同死去，每个人的眼睛里都有某种说不清道不明被压抑的液体。

　　乐队其他人走后，狭小的屋子里只剩他一人。已过深夜，他仍旧接着练鼓。隔壁有人愤怒地敲开门，警告他不要再闹出动静，他只是机械地答应一声，随后又敲出旋律。一整夜过去，鼓面上已滴满血珠和汗珠。

　　既然选择了这样的道路，就只能硬着头皮走下去。他站

你的努力，
　终将成就无可替代的自己
ni de nu li,
　zhong jiang cheng jiu wu ke ti dai de zi ji

212

在落了灰的镜子面前，仔细端详自己。脸上有疲惫，也有跃跃欲试。

他手握鼓槌倒在床上。就先这样睡去吧，睡醒后还有千万里泥泞的路要走。

唐子淳把录好的歌寄到多家唱片公司，过了一个多月仍没有收到任何回复。坐在主题餐厅里演出时，台下的人们只是大快朵颐地享受着晚餐，并没有人回过头来投以赞赏的一眼。多半时候，嘈杂的碰杯声，都会盖住奋力敲击的鼓声。

午夜散场，他通常没有进一点儿食。见到还未被服务生收拾的餐桌上仍留有吃剩的饭菜，他便默默地坐下吃起来。

他一边咽下凉却的残羹，一边咽下冒生出来的绝望。他并不懂，为什么坚持梦想的人，多半生活窘迫。而那些老老实实待在围墙里的人，生活富足，健康长寿。

他的生活就像一间没有窗户的地下室，没有光线，密不透风。每天所做的事情，就是作词谱曲，练习打鼓，录制歌曲寄给各个唱片公司，在主题餐厅演出。

唯一让他看起来与众不同的是，他心里始终升腾着梦想的热气。唐子淳并不知道尽头在哪里。或许，这条路从来就没有尽头。即使知道或许永远与梦想隔水相望，但他的字典里似乎没有收录"放弃"二字。日子难熬时，他顶多是一支接一支抽烟，以及蒙着被子在地下室里睡觉。

然后，睡醒后再重新开始。

在主题餐厅演出的那一段时间，他喜欢上了餐厅里一个相貌普通的服务生。当他把要追求那个女人的消息告诉乐队里其他人时，他们都对其嗤之以鼻，说凭着唐子淳的帅气完全可以追求一个更好的女孩。

唐子淳给出的理由很简单："我养不起更好的女孩。这个服务生在不忙的时候总会看我打鼓，也知道给我留一份没有动过的饭。"

乐队的哥们儿们听到这话都沉默了。并不是所有人都能同时承担得起梦想和生活的重担。

唐子淳和那个服务生女孩在一起了。她没有宏大的梦想，只想把日子过好。她也并不知道自己真正想要什么，生活给予她什么，她就全盘接受。

即便是热恋的时候，唐子淳也很少腾出时间来陪她。她并不是不伤心，只是不忍责怪他。毕竟，在对她表白的时候，他已经说明他并没有多余的时间，也没有多余的钱。

他们的关系一直维持得很好，从未走得太近，对彼此的感觉就保留着最初的印象。至于那些生活深处的难堪与阴暗，只有自己以及屋里的那面镜子知道。所以，他们都认为他们是最相爱的一对，也为从未吵过架而深感欣慰。

在三个月纪念日时，他因为录一首新歌忙碌到半夜。她拿着午夜场的打折电影票来地下室找他，他一脸迷茫，全然不知道她那一天为何那么热情。

在踌躇片刻之后，他最终还是拒绝了和她去看电影。他用轻柔的布擦拭鼓架与鼓槌，随后他吩咐她坐下来听她打鼓。她把电影票放进包里，按照他的指示坐在床沿上。在澎湃激昂的鼓声中，她心如止水，并不打算生气，也永不会把今天是什么

你的努力，
　终将成就无可替代的自己
ui de nu li,
zhong jiang cheng jiu wu ke ti dai de zi ji

214

日子告诉他。

打得大汗淋漓时，她拧干泡在脸盆里的毛巾，为他擦汗，并用叠好的干布把鼓面上的汗珠也擦掉。那一晚，她没有离开那间地下室，而是听他说了整晚的梦想。朋友们都说他想做第二个崔健，其实他并不想复制刻版任何人。他只想在自己身上贴上摇滚的标签，做打鼓界的牛人唐子淳。

时间不等人，也不等梦想。一晃就是两年。两年的时间，唐子淳搬过一次家，但仍住在地下室。他的乐队仍在各个餐厅演出，只有嘈杂的环境，没有忠诚的听众。他依旧坚持给各家唱片公司寄歌曲小样，但都石沉大海。

两年的时间，他们都看到了社会给予的冷眼。因为看不到希望，主唱回到家乡继承了父亲的事业，贝司手创办了一个贝斯补习班，吉他手在父母的安排下娶了只见过数次的女孩。

这个乐队还是解散了。在解散那一天，他们四个人去酒吧喝酒，一直喝到凌晨四点钟。从酒吧出来，正赶上下雨。那是唐子淳唯一没有练习打鼓的一夜。

第二天一大早，他把女朋友约到一家很小的奶茶店。店里只有工作人员在忙，他为女友点了一杯红豆热奶茶，自己则要了一杯清水。过了一会儿，他终于直截了当地提出分手的要求。他对她说，乐队已经解散，接下来的日子会更苦，时间也更少。在她没有厌倦，埋怨他之前，分开是最好的选择。

她试着挽留，而他已做出决定。他请她喝的唯一一杯红豆奶茶，她没有喝出一点儿味道。

在不知重新起飞的迷茫日子里，他回了一次家。

那一天正好赶上亲戚们聚会。越是热闹的地方，唐子淳越感到孤独。大人们最爱做的事情，无非就是挤在一间屋子里，说张家长李家短，顺带不经意地说起自己的孩子多有出息。

大舅妈说儿子今年毕业，已经拿到了知名外企的Offer。姨外婆说自己的孙子在部队的医院里，做得风生水起。二姨说自己的女儿在香港旅行时给她买了一条紫水晶项链。

唐子淳的父母只是静静地听着，适时夸奖一下别人的孩子，有时也朝低着头的唐子淳投来略带哀伤的眼神。不知是谁问起唐子淳现在在做什么，忽然之间整个屋子就静下来。唐子淳看看父母，又看看眼前这群等着看笑话的人，轻描淡写地说道，他在北京做音乐。

有人紧接着问，做得怎么样。他回答，还可以。

有关他的话题就此中断，人们又互相吹捧起来。

聚会结束后，屋里只剩下唐子淳和他的父母。父亲抽着旱烟不说话，烟雾弥漫整个屋子。母亲低着头暗暗抹泪。唐子淳只说，让他们再给他三年的时间，如果三年之后依旧闯不出名堂，他就安顿下来。

他离开家的那天，父亲像往常一样把他送到了火车站。

后来，他仍旧在北京的一间地下室里创作，同时帮人做一些谱曲的工作。他也寄出过很多歌词，有几首被人买下版权。

日历一张张被踩在脚底，他剩下的时间越来越少。这期间，他并没有闯出什么名堂，只是一再受着梦想的蛊惑，不间断地练习打鼓。每一个夜晚来临时，他似乎都很平静，仿佛已

你的努力，
　终将成就无可替代的自己
ni de nu li,
　zhong jiang cheng jiu wu ke ti dai de zi ji

216

经做好了换一条道路的准备。

他并没有预料到，事情会有转机。

在一个大型的摇滚乐比赛现场，他心潮澎湃地坐在台下，评委席上坐着他最崇拜的摇滚主唱。比赛看到一半，他在上洗手间的空隙误打误撞走进了后台。后台即将上场的乐队捶胸顿足，一阵慌乱。他偷偷问旁边的助理发生什么事情，助理告诉他，鼓手肠胃炎忽然发作，不能上台。唐子淳鼓起勇气走过去，说他就是一名鼓手。

就这样，他没有参加任何排练，没有看一眼曲谱，就随着只有一面之缘的乐队走上台。台上光芒四射，照在他面前的架子鼓上。

在演奏的时刻，唐子淳看到他最欣赏的评委正聚精会神地看着他。